創新電子商務入門與應用

數位新知 著

五南圖書出版公司 印行

序

電子商務最簡單的說法，就是指在網際網路上所進行的交易行爲，至於交易的標的物可能是實體的商品，例如：線上購物、書籍銷售，或是非實體的商品：例如：廣告、服務販賣、數位學習、網路銀行等。也就是說，電子商務是指任何經由電子化形式所進行的商業交易活動，也就是透過網際網路所完成的商業活動皆可視爲電子商務。

電子商務不僅讓企業開創了無限可能的商機，也讓現代人的生活更加便利，簡單來說，就是在網路上進行的交易行爲，包括商品買賣、廣告推播、服務推廣與市場情報等。透過網頁技術與科技，還可以收集、分析、研究客戶的各種最新即時資訊，快速調整行銷與產品策略。在資訊日新月異的時代下，電子商務的蓬勃發展已成爲一股趨勢。本書共8個章節，由淺入深的帶領讀者進入電子商務的世界，是一本非常適合作爲電子商務相關基礎建立課程的教材。本書精彩篇幅如下：

- 電子商務導論
- 電子商務的架構與七種流
- 企業電子化入門
- 行動商務與物聯網
- 社群商務與行銷
- 電商網站建置與成效評估

- 電子商務倫理與相關法律
- 電子商務的展望與未來

目錄

第一章

電子商務導論

十九世紀時蒸氣機的發明帶動了工業革命，在二十一世紀的今天，網際網路的發展則帶動了人類空前未有的知識經濟與商業革命。自從網際網路應用於商業活動以來，不但改變了企業經營模式，也改變了大眾的消費模式，以無國界、零時差的優勢，提供全年無休的「電子商務」（Electronic Commerce, EC）服務。電子商務成了網路經濟（Network Economy）發展下所帶動的新興產業，也連帶帶動了新的交易觀念與消費方式。

電子商務加速了網路經濟發展速度

Tips

「網路經濟」（Network Economy）：就是利用網路通訊進行傳統的經濟活動的新模式，網路經濟帶來了與傳統經濟方式完全不同的改變，優點就是可以去除傳統中間化，降低市場交易成本，而讓自由市場更有效率地運作。對於「網路效應」（Network Effect）而言，有一個很大的特性就是產品的價值取決於其使用人數總規模，也就是越多人有這個產品，那麼它的價值便越高。

2020年起網路電商更在新冠肺炎（COVID-19）疫情的推波助瀾下，許多國家紛紛採取強制的居家隔離，民衆爲了防疫減少外出，也造成實體零售通路市場的人潮大爲減少，許多實體零售商紛紛被迫關門，也因此讓全球「無接觸經濟」崛起。在此同時，電子商務也出現了爆炸性的成長。11月11日「光棍節」的宅經濟業績總是繳出驚人成績，2021年天貓購物

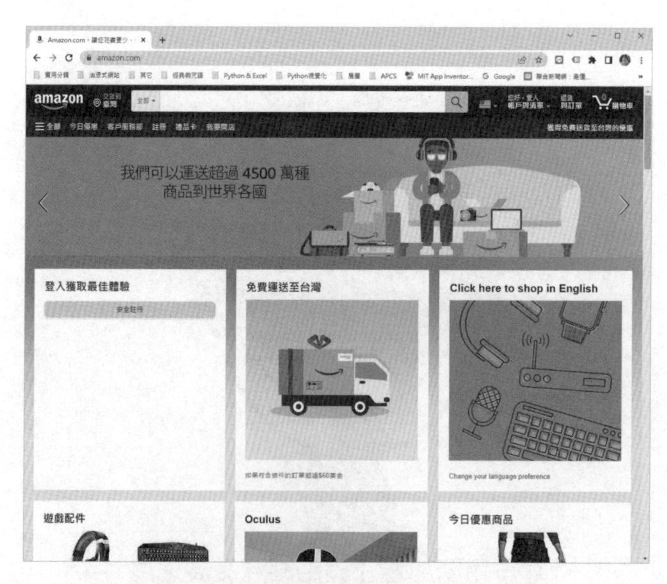

Amazon在疫情期間業績大幅成長

商城購物網站交易統計在「光棍節」開始1小時就已接近571億人民幣，超過美國人當年度「黑色星期五」和「網購星期一」的紀錄。

1-1 電子商務簡介

在網際網路迅速發展及電子商務日漸成熟的今天，人們已經漸漸改變購物及收集資訊的方式，電子商務等於「電子」加上「商務」，主要是將供應商、經銷商與零售商結合在一起，透過網際網路提供訂單、貨物及帳務的流動與管理，大量節省傳統作業的時程及成本，從買方到賣方都能產生極大的助益，而網路就是促進商業轉型的重要關鍵。電子商務最簡單的說法，就是指在網際網路上所進行的交易行爲，至於交易的標的物可能是實體的商品，例如線上購物、書籍銷售，或是非實體的商品，例如廣告、服務販賣、數位學習、網路銀行等。

Tips

「數位學習」（e-Learning）是在網際網路上建立一個方便的學習環境，透過在線上存取流通的數位教材，進行訓練與學習，讓使用者連上網路就可以學習到所需的知識，不受空間與時間限制，也是現代提升人力資源價值的新利器。例如TutorABC網站課程涵蓋層面相當廣泛，讓你可以透過網路跟全世界各地的老師學英文。

TutorABC線上真人即時互動數位學習英語網站

1-1-1 電子商務的定義

對於電子商務的定義，我國經濟部商業司的定義爲：「電子商務是指任何經由電子化形式所進行的商業交易活動，也就是透過網際網路所完成的商業活動皆可視爲電子商務」。美國學者卡納科特（Kalakota）和溫斯特（Whinston）認爲所謂電子商務是一種現代化的經營模式，就是指利用網際網路進行購買、銷售或交換產品與服務，並達到降低成本的要求。他們認爲電子商務可從以下四種不同角度的定義，分別說明如下：

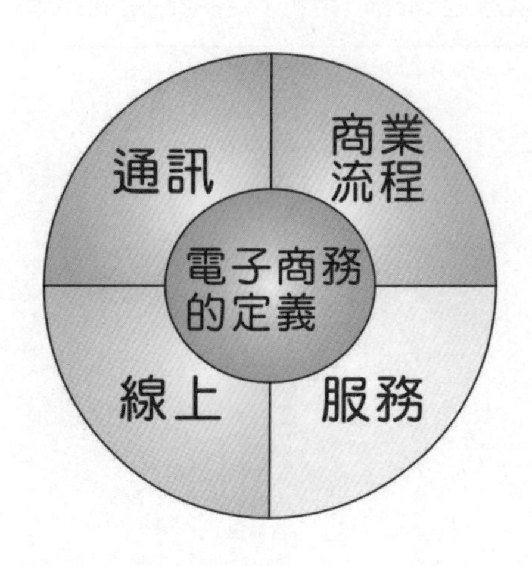

- 通訊的角度：電子商務是利用電話線、網路、網際網路或其他通訊媒介來傳遞與產生資訊、產品、服務及收付款行爲。
- 商業流程的角度：電子商務是商業交易及工作流程自動化的相關科技應用。
- 線上的角度：電子商務提供在網路的各種線上交易與服務，進行購買與販賣產品與資訊的能力。
- 服務的角度：電子商務可看成一種工具，用來滿足企業、消費者與經營者的需求，並以降低成本、改善產品品質且提升服務傳遞的速度。

隨著「亞馬遜」（Amazon）、eBay、Yahoo!奇摩拍賣等的興起，讓許多專家學者跌破眼鏡，原來商品也可以在網路虛擬市場上販賣，而且經營的績效能夠如此讓人驚豔。對店家或品牌而言，可讓商品縮短行銷通路、降低營運成本，並隨著網際網路的延伸而達到全球化銷售的規模。除了可以將全球消費者納入商品的潛在客群，也能夠將品牌與形象知名度大爲提升。

Tips

「梅特卡夫定律」（Metcalfe's Law）是1995年10月2日由3Com公司的創始人、電腦網路先驅羅伯特・梅特卡夫（B. Metcalfe）於專欄上提出網路的價值和使用者的平方成正比，稱爲「梅特卡夫定律」，是一種網路技術發展規律，也就是使用者越多，其價值便大幅增加，產生大者恆大之現象，對原來的使用者而言，反而產生的效用會越大。

1-2 電子商務生態系統

隨著現代電子商務快速發展與普及，對產業間競合帶來巨大的撼動。所謂「生態系統」（Ecosystem）是指一群相互合作並有高度關聯性的個體，這個理論來自生態學，最早由James F. Moore提出「商業生態系統」的概念，建議以商業生態系統取代產業，在商業生態系統中會同時出現競爭與合作的現象，這個想法打破過去產業的界線，也就是由組織和個人所組成的經濟聯合體。

電子商務生態系統（E-commerce ecosystem）就是指以電子商務爲主體結合商業生態系統概念。在電子商務環境下，針對企業發展策略的複雜性，包括各種電子商務生態系統的成員，也就是電子商務參與者與相關成員所形成的網路業者整體網絡關係，例如產品交易平台業者、網路開店業者、網頁設計業者、網頁行銷業者、社群網站、網路客群、相關物流業者等單位透過跨領域的協同合作來完成，並且與系統中的各成員共創新的共享商務模式和協調與各成員的關係，進而強化相互依賴的生態關係，所形成的一種網路生態系統。

1-2-1 跨境電商與電子商務自貿區

聚豐全球貿聯網以跨境電子商務服務為主要業務

隨著時代及環境變遷，貿易形態也變得越來越多元，跨境電商（Cross-Border Ecommerce）已經成爲新世代的產業火車頭，也是國際貿易的一種型態。大陸雙十一網購節熱門的跨境交易品項中，有許多熱賣商品都是臺灣製造的強項。這些消費者在決定是否要跨境購買時，整體成本是最大的考量點，因此本土業者應該快速了解大陸跨境電商的保稅進口或直購進口模式，讓更多臺灣本土優質商品能以低廉簡便的方式行銷至海外，甚至在全球開創嶄新的產業生態。

「天貓出海」計畫打著「一店賣全球」的口號

所謂「跨境電商」是全新的一種國際電子商務貿易型態，指的就是消費者和賣家在不同的關境（實施同一海關法規和關稅制度境域）交易主體，透過電子商務平台完成交易、支付結算與國際物流送貨、完成交易的一種國際商業活動，就像打破國境通路的圍籬，網路外銷全世界，讓消費者滑手機，就能直接購買全世界任何角落的商品。例如阿里巴巴也發表了「天貓出海」計畫，打著「一店賣全球」的口號，幫助商家以低成本、低門檻地從國內市場無縫拓展，目標將天貓生態模式逐步複製並推行至東南亞、乃至全球市場。

隨著跨境網路購物對全球消費者變得越來越稀鬆平常，已不再僅是一個純粹的貿易技術平台，因爲只要涉及跨境交易，就會牽扯出許多物流、文化、語言、市場、匯兌與稅務等問題。電子商務自貿區是發展跨境電子商務方向的專區，開放外資在區內經營電子商務，配合自貿區的通關便利優勢與提供便利及進口保稅、倉儲安排、物流服務等，並且設立有關跨境電商的服務平台，向消費者展示進口商品，進而大幅促進區域跨境電商發展與便利化的制度環境。

1-3 電子商務的特性

電子商務不僅讓企業開創了無限可能的商機，也讓現代人的生活更加便利，簡單來說，就是在網路上進行交易行爲，包括商品買賣、廣告推播、服務推廣與市場情報等。透過網頁技術與科技，還可以收集、分析、研究客戶的各種最新即時資訊，快速調整行銷與產品策略。對於一個成功的電子商務模式與傳統產業相比而言，具備了以下四種特性：

透過電商模式，小資族就可在網路市集上開店

1-3-1 全年無休經營模式

網路商店最大的好處是透過網站的建構與運作，可以一年365天、全天候24小時全年無休地提供商品資訊與交易服務，不論任何時間、地點，都可利用簡單的工具上線執行交易行為。廠商可隨時依照買方的消費與瀏覽行為，即時調整或提供量身訂製的資訊或產品，買方也可以主動在線上傳遞服務要求與意見。透過網站的建構與運作，整個交易資訊轉變成數位化的形式，更能快速整合上、下游廠商的資訊，即時處理電子資料交換而快速完成交易，取代傳統面對面的交易模式。

消費者可在任何時間地點透過網路消費

1-3-2 全球化銷售通道

網路連結普及全球各地，消費者可在任何時間和地點，透過網際網路進入購物網站購買到各種式樣的商品，所以範圍不再只是特定的地區或社團，全世界每一角落的網民都是潛在的顧客，遍及全球的無數商機不斷興起。對業者而言，可讓商品縮短行銷通路、降低營運成本，並隨著網際網路的延伸而達到全球化銷售的規模。除了可以將全球消費者納入商品的潛在客群，也能夠將品牌與形象知名度大為提升。

ELLE時尚網站透過網路成功在全球販售產品

Tips

全球化整合是現代前所未見的市場趨勢，克里斯．安德森（Chris Anderson）提出的長尾效應（The Long Tail）的出現，也顛覆了傳統以暢銷品為主流的觀念。由於實體商店都受到80/20法則理論的影響，多數都將主要企業資源投入在20%的熱門商品（Big Hits），不過透過網路科技無遠弗屆的伸展性，這些涵蓋不到80%的冷門市場也不容小覷。長尾效應其實是全球化所帶動的新現象，因為能夠接觸到更大的市場與更多的消費者，過去一向不被重視，在統計圖上像尾巴一樣的小眾商品可能就會成為意想不到的大商機。

1-3-3 即時互動貼心服務

7-11透過線上購物平台成功與消費者互動

網站提供了一個買賣雙方可即時互動、雙向互動溝通的管道，包括了線上瀏覽、搜尋、傳輸、付款、廣告行銷、電子信件交流及線上客服討論等，具有線上處理之即時與迅速的特性，另外還可以完整記錄消費者個人資料及每次交易資訊，快速分析出消費者的喜好與消費模式，甚至反其道而行，消費者也能參與廠商產品的設計與測試。

1-3-4 低成本與客製化銷售潮流

網際網路減少了資訊不對稱的情形，供應商的議價能力越來越弱，對業者而言，因為網際網路去中間化的特質，網路可讓商品縮短行銷通路、降低營運成本，以低成本創造高品牌能見度及知名度。並隨著網際網路的延伸而達到全球化銷售的規模，提供較具競爭性的價格給顧客。「客製化」（Customization）則是廠商依據不同顧客的特性而提供量身訂製的產品與不同的服務，消費者可在任何時間和地點，透過網際網路進入購物網站購買到各種式樣的個人化商品。

Trivago號稱提供了最低價優惠的全球旅館訂房服務

高度個人化商品對消費者來說，更有獨特魅力，因爲他們可以創造屬於自己、獨一無二的產品。例如「印酷網」是典型將3D列印技術結合電子商務的網站，提供代印服務，可讓創作者於網站直接銷售其設計產品，爲華人世界首創的3D列印線上平台，實現電子商務、文創設計及3D列印的跨界加值應用。目前3D列印已可應用於珠寶、汽車。

印酷網是華人世界首創的3D列印電商平台

Tips

3D列印技術是製造業領域正在迅速發展的快速成形技術，不但能將天馬行空的設計呈現在眼前，還可快速創造設計模型，製造出各式各樣的生活用品，不但減少開模所需耗費的時間與成本，改善因為不符成本而無法提供客製化服務的困境，更讓硬體領域的大量「客製化」（Mass Customization）服務開始興起。

1-4 電子商務與雲端運算

在資訊日新月異的時代下，電子商務的蓬勃發展已成為一股趨勢，網路商店全年無休不打烊，24小時不間斷為企業帶來收益，同時電子商務必須運用到龐大的雲端運算系統，雲端運算的崛起將大幅改變產業生態價值鏈與電子商務平台的制式架構，特別是對電商業者來說，雲端上的龐大數據資料還可以創造出「智慧商務」（Smarter Commerce）。

Tips

「智慧商務」（Smarter Commerce）就是利用社群網路、行動應用、雲端運算、大數據、物聯網與人工智慧（Artificial Intelligence, AI）等技術，誕生與創造許多新的商業模式，透過多元平台的串接，可以更規模化、系統化地與客戶互動，讓企業的商務模式可以帶來更多智慧便利的想像，並且大幅提升電商服務水準與營業價值。

雲端運算時代來臨將大幅加速電子商務市場發展。「雲端」其實就是泛指「網路」，代表了無窮無際的網路資源，龐大的運算能力，與過去網路服務最大的不同就是「規模」。雲端運算之熱不是憑空出現，實際是多種技術與商業應用的成熟，雲端運算讓虛擬化公用程式演進到軟體即時服務的夢想實現，也就是只要使用者能透過網路、由用戶端登入遠端伺服器進行操作，就可以稱爲雲端運算。

「雲端運算」是將分散在不同地理位置的電腦共同聯合組織成一個虛擬的超級電腦，運算能力藉由網路慢慢聚集在伺服端，伺服端也因此擁有更大量的運算能力，最後再將計算完成的結果回傳。也就是未來要讓網路資訊服務如同水電等公共服務一般，隨時都能供應。

1-4-1 雲端服務

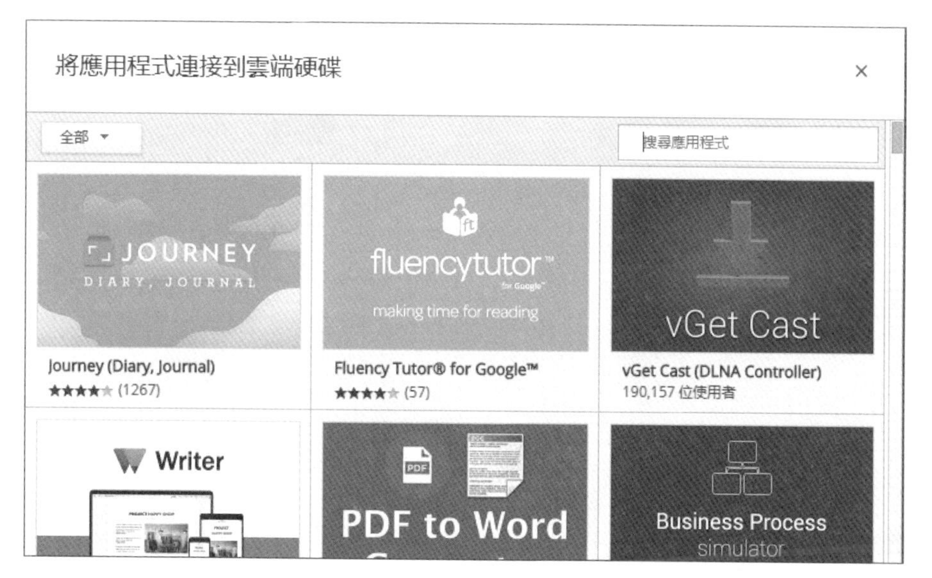

Google 雲端硬碟就是一種雲端服務

所謂「雲端服務」，簡單來說，其實就是「網路運算服務」，雲端服務的影響無遠弗屆，包括電子商務等食衣住行育樂等層面都會因此不同，根據美國國家標準和技術研究院（National Institute of Standards and Technology, NIST）的雲端運算明確定義了三種服務模式：

- **軟體即服務**（Software as a Service, SaaS）：是一種軟體服務供應商透過Internet提供軟體的模式，使用者租借基於Web的軟體，本身不需要對軟體進行維護，即可以取得軟體的服務，比較常見的模式是提供一組帳號密碼，例如：Google Docs。

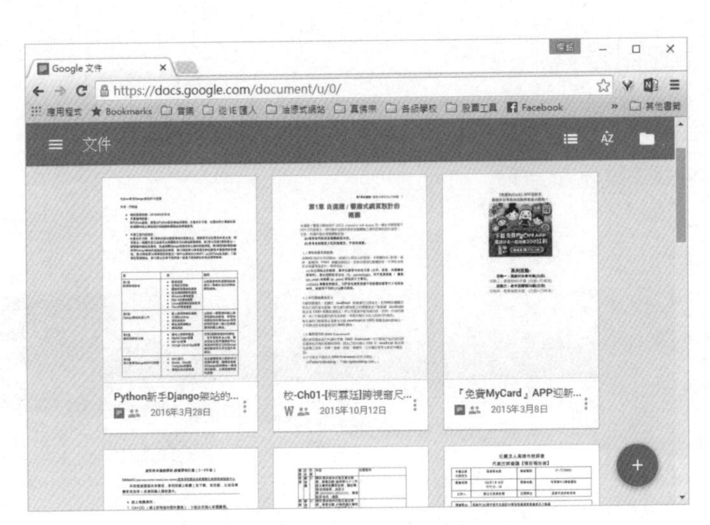

只要瀏覽器就可以開啟雲端的文件

■平台即服務（Platform as a Service, PaaS）：是一種提供資訊人員開發平台的服務模式，公司的研發人員可以編寫自己的程式碼於PaaS供應商上傳的介面或API服務，再於網路上提供消費者服務。例如：Google App Engine。

Google App Engine是全方位管理的PaaS平台

■ **基礎架構即服務**（Infrastructure as a Service, IaaS）：消費者可以使用「基礎運算資源」，如CPU處理能力、儲存空間、網路元件或中介軟體。例如：Amazon.com透過主機託管和發展環境，提供IaaS的服務項目。

Tips

1. **公用雲**（Public Cloud）：是透過網路及第三方服務供應者，提供一般公眾或大型產業集體使用的雲端基礎設施，通常公用雲價格較低廉。
2. **私有雲**（Private Cloud）：和公用雲一樣，都能爲企業提供彈性的服務，而最大的不同在於私有雲是一種完全爲特定組織建構的雲端基礎設施。
3. **社群雲**（Community Cloud）：是由有共同的任務或安全需求的特定社群共享的雲端基礎設施，所有的社群成員共同使用雲端上資料及應用程式。
4. **混合雲**（Hybrid Cloud）：結合公用雲及私有雲，使用者通常將非企業關鍵資訊直接在公用雲上處理，但關鍵資料則以私有雲的方式來處理。

1-5 電子商務的經營模式

所謂「經營模式」（Business Model）就是一個企業從事某一領域經營的市場定位和盈利目標，經營模式會隨著時間的演進與實務觀點有所不同，主要是企業用來從市場上獲得利潤，是整個商業計畫的核心。

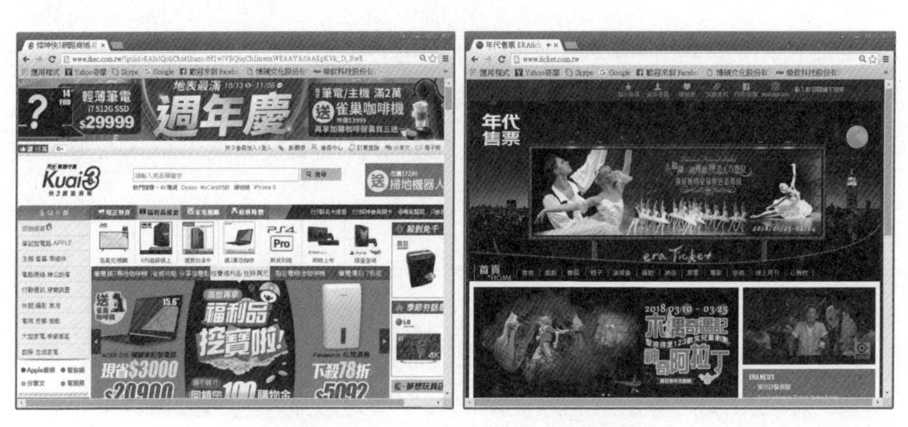

電商網站有許多不同的經營模式

電子商務在網際網路上的經營模式極爲廣泛，不論是有形的實體商品或無形的資訊服務，都可能成爲電子商務的交易標的。電子商務的經營模式，就是指「電子化企業」（e-Business）如何運用資訊科技與網際網路，來經營企業的模式。本章中將介紹目前電子商務以實務應用與交易對象區分，可分爲以下幾種類型：

「共享經濟」的Uber是最新的C2C經營模式

Tips

隨著獨立集資、第三方支付等工具在臺灣的興起和普及，臺灣的「群眾集資」（Crowdfunding）發展逐漸成熟，打破傳統資金的取得管道。所謂「群眾集資」就是透過群眾的力量來募得資金，使C2C模式由生產銷售模式，延伸至資金募集模式，以群眾的力量共築夢想，支持個人或組織的特定目標。近年來群眾募資在各地掀起浪潮，募資者善用網際網路吸引世界各地的大眾出錢，用小額贊助來尋求支持各類創作與計畫。

1-5-1 B2B模式

「企業對企業間」（Business to Business，簡稱B2B）的電子商務指的是企業與企業間或企業內透過網際網路所進行的一切商業活動，大至工廠機械設備與零件，小到辦公室文具，都是B2B的範圍，也就是企業直接在網路上與另一個企業進行交易活動，包括上下游企業的資訊整合、產品交易、貨物配送、線上交易、庫存管理等，這種模式可以讓供應鏈得以做更好的整合，交易模式也變得更透明化。企業間電子商務的實施將帶動企業成本的下降，同時能擴大企業的整體收入來源。

B2B電子商務在網路國度中所發揮的效益，大大震撼了傳統企業的交易模式，隨著電商化採購逐漸成爲趨勢，B2B電商的業態變化直接影響到企業採購模式的轉變，也就是說，它是一種透過網路媒體大量向產品供應商或零售商訂購，以低於市場價格獲得產品或服務的採購行爲。由於B2B商業模式參與的雙方都是企業，特點是訂單數量金額較大，**適用於有長期合作關係的上下游廠商**，例如阿里巴巴（http://www.1688.com/）就是典型的B2B批發貿易平台，即使是小買家、小供應商也能透過阿里巴巴進行採購或銷售。

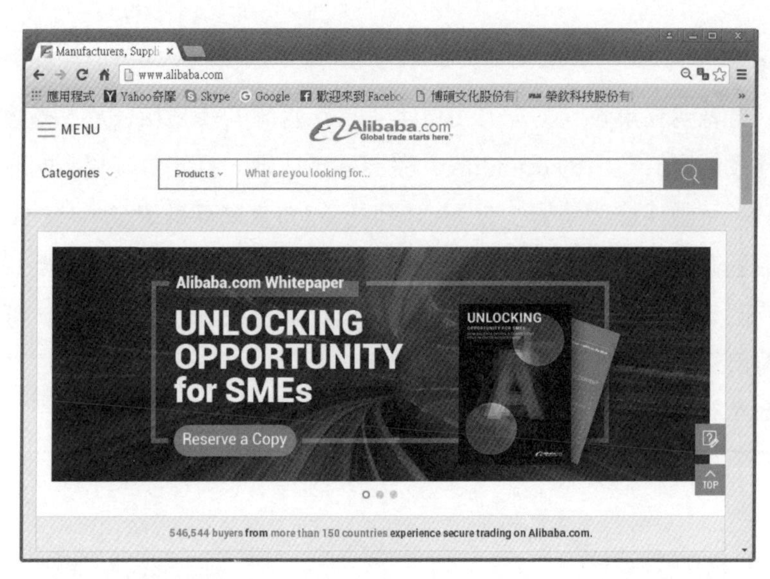

阿里巴巴是大中華圈最知名的B2B交易網站

1-5-2 B2C模式

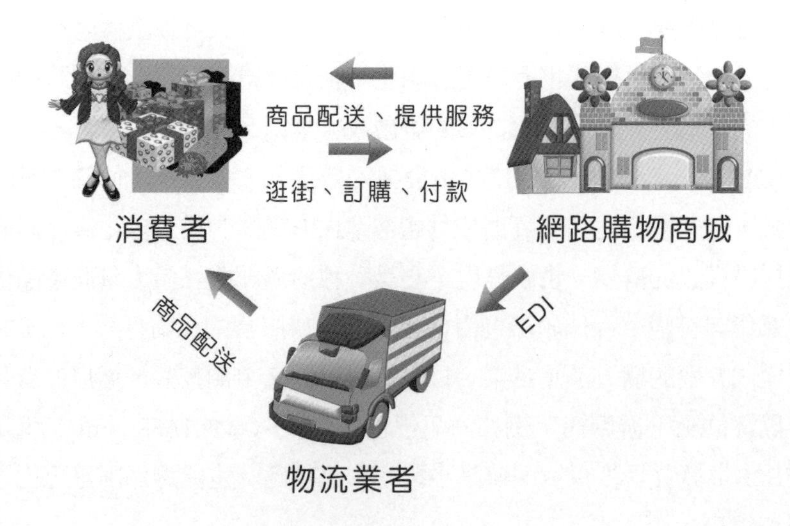

「企業對消費者間」（Business to Customer，簡稱B2C）又稱為「消費性電子商務」模式，就是指企業直接和消費者間進行交易的行為模式，販賣對象是以一般消費大眾為主，就像是在實體百貨公司的化妝品專櫃，或是商圈中的服飾店等，企業店家直接將產品或服務推上電商平台提供給消費者，而消費者也可以利用平台搜尋喜歡的商品，並提供24小時即時互動的資訊與便利來吸引消費者選購，將傳統由實體店面所銷售的實體商品，改以透過網際網路直接面對消費者進行的交易活動，這也是目前一般電子商務最常見的營運模式，例如Amazon、天貓都是經營B2C電子商務的知名網站。

博客來網路書店是最典型的B2C網站

至於B2C模式的電子商務，一般以網路零售業為主，例如線上零售商店、網路書店、線上軟體下載服務等，都會保有網路消費者的資訊回饋頁面。消費者通常會將個人資料提供給店家，結合購物車、庫存管理、會員機制、訂單管理、網路廣告、金流、物流等，直接將銷售商品送達消費者。

1-5-3 C2C模式

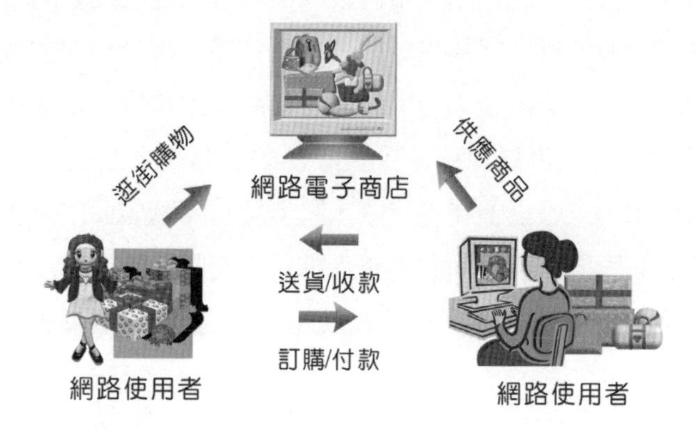

「客戶對客戶型電子商務」（Customer to Customer，簡稱C2C），就是個人網路使用者透過網際網路與其他使用者進行直接交易的商業行爲，主要就是消費者之間自發性的商品交易行爲。網路使用者不僅是消費者也可能是提供者，供應者透過網路虛擬電子商店設置展示區，提供商品圖片、規格、價位及付款方式等資訊，最常見的C2C型網站就是拍賣網站。至於拍賣平台的選擇，免費只是網拍者的考量因素之一，擁有大量客群與具備完善的網路交易環境才是最重要關鍵。

eBay是全球最大的拍賣網站

由於這類網站的交易模式是你情我願，一方願意賣，另一方願意買，這樣的好處是原本在B2C模式中最耗費網站經營者成本的庫存與物流問題，在C2C模式中由小型買家和賣家來自行吸收，所以較不會有交易上的不公或損失，不過因為價高者得，且每次的交易對象會有很大的差異性，所以拍賣者比較不需要維持其忠誠度。

樂天集團強力推出C2C行動App「Rakuma樂趣買」

1-5-4 C2B模式

消費者對企業間的電子商務

「消費者對企業型電子商務」（Customer to Business，簡稱C2B）是一種將消費者帶往供應者端，並產生消費行為的電子商務新類型，也就是主導權由廠商手上轉移到了消費者手中。在C2B的關係中，先由消費者提出需求，透過「社群」力量與企業進行集體議價及配合提供貨品的電子商務模式，也就是集結一群人用大量訂購的方式，來跟供應商要求更低的單價。例如近年來團購被市場視為「便宜」代名詞，琳瑯滿目的團購促銷廣告時常充斥在搜尋網站的頁面上，團購今日也成為眾多精打細算的消費者，紛紛追求的一種現代與時尚的購物方式。

「GOMAJI夠麻吉」團購網經常推出超高CP值的促銷活動

世界相當知名的C2B旅遊電子商務網站Priceline.com，主要的經營理念就是「讓你自己定價」，消費者可以在網站上自由出價，並且可以用很低的價錢訂到很棒的四五星級飯店，該公司所建立的買賣機制是由線上買方出價，賣方選擇是否要提供商品，最後由買方決定成交。Priceline.com就以這樣的機制，為客戶提供機票、飯店房間、租車、機票連飯店組合及旅遊保險的優惠訂購服務。

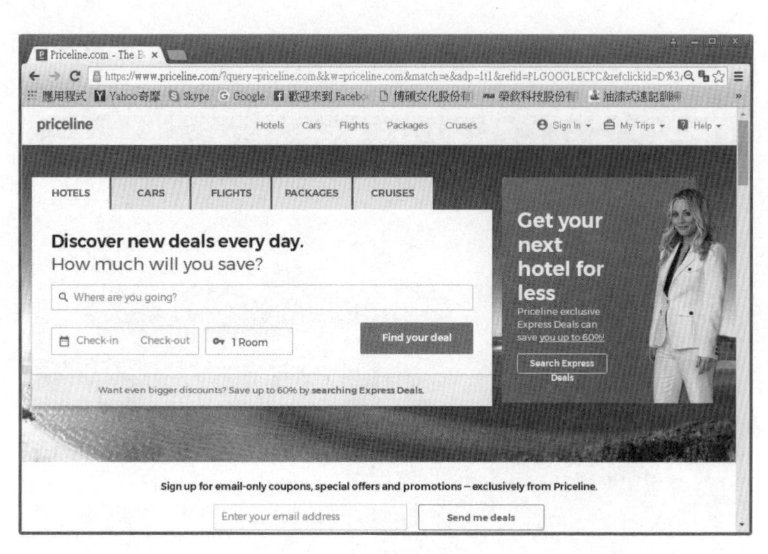

Priceline.com提供了最優惠的全方位旅遊服務

1-6 電子商務交易安全機制

目前電子商務的發展受到最大的考驗，就是線上交易安全性，由於線上交易時，必須於網站上輸入個人機密的資料，例如身分證字號、信用卡卡號等資料，爲了讓消費者線上交易能得到一定程度的保障，到目前爲止，最被商家及消費者所接受的電子安全交易機制是SSL/TLS及SET兩種。

1-6-1 SSL/TLS協定

「安全插槽層協定」（Secure Socket Layer, SSL）是一種128位元傳輸加密的安全機制，由網景公司於1994年提出，目的在於協助使用者在傳輸過程中保護資料安全。是目前網路上十分流行的資料安全傳輸加密協定。SSL憑證包含一組公開及私密金鑰，以及已經通過驗證的識別資訊，並且使用RSA演算法及證書管理架構，它在用戶端與伺服器之間進行加密與解密的程序。由於採用公眾鑰匙技術識別對方身分，受驗證方需持有憑證頒發機構（CA）的證書，其中內含其持有者的公共鑰匙。目前最新的版本為SSL3.0，並使用128位元加密技術。當各位連結到具有SSL安全機制的網頁時，在瀏覽器下網址列右側會出現一個類似鎖頭的圖示，表示目前瀏覽器網頁與伺服器間的通訊資料均採用SSL安全機制：

例如下圖是網際威信HiTRUST與VeriSign所簽發之「全球安全網站認證標章」，讓消費者可以相信該網站確實是合法成立之公司，並說明網站可啓動SSL加密機制，以保護雙方資料傳輸的安全，如下圖所示：

至於最新推出的「傳輸層安全協定」（Transport Layer Security, TLS）是由SSL 3.0版本爲基礎改良而來，會利用公開金鑰基礎結構與非對稱加密等技術來保護在網際網路上傳輸的資料，使用該協定將資料加密後再行傳送，以保證雙方交換資料之保密及完整，在通訊的過程中確保對像的身分，提供了比SSL協定更好的通訊安全性與可靠性，避免未經授權的第三方竊聽或修改，可以算是SSL安全機制的進階版。

Tips

「憑證頒發機構」（Certificate Authority, CA）：爲一個具公信力的第三者身分，是由信用卡發卡單位所共同委派的公正代理組織，負責提供持卡人、特約商店以及參與銀行交易所需的電子證書（Certificate）、憑證簽發、廢止等等管理服務。國內知名的憑證管理中心如下：

政府憑證管理中心：https://grca.nat.gov.tw/index2.html

網際威信：https://hitrust.com.tw/

1-6-2 SET協定

由於SSL並不算是一個最安全的電子交易機制，爲了達到更安全的標準，於是由信用卡國際大廠VISA及MasterCard，於1996年共同制定並發表的「安全交易協定」（Secure Electronic Transaction, SET），並陸續獲得IBM、Microsoft、HP及Compaq等軟硬體大廠的支持，加上SET安全機制採用非對稱鍵值加密系統的編碼方式，並採用知名的RSA及DES演算法技術，讓傳輸於網路上的資料更具有安全性，將可以滿足身分確認、隱私權保密資料完整和交易不可否認性的安全交易需求。

SET機制的運作方式是消費者網路商家無法直接在網際網路上進行單

獨交易，雙方都必須在進行交易前，預先向「憑證管理中心」（CA）取得各自的SET數位認證資料，進行電子交易時，持卡人和特約商店所使用的SET軟體會在電子資料交換前確認雙方的身分。

Tips

「信用卡3D」驗證機制是由VISA、MasterCard及JCB國際組織所推出，做法是信用卡使用者必須在信用卡發卡銀行註冊一組3D驗證碼，完成註冊之後，當信用卡使用者在提供3D驗證服務的網路商店使用信用卡付費時，必須在交易的過程中輸入這組3D驗證碼，確保只有您本人使用，才能完成線上刷卡付款動作。

本章習題

1. 何謂跨境電商？
2. 何謂「網路經濟」（Network Economy）？
3. 請舉出四種電子商務的類型有哪些？
4. 何謂「入口網站」（Portal）？
5. 什麼是經營模式（Business Model）？
6. 試舉例簡述「共享經濟」（The Sharing Economy）模式。
7. 請說明使用SSL的優缺點。
8. 卡納科特和溫斯特認爲電子商務可從哪四個不同角度來定義？
9. 何謂電子商務自貿區？
10. 請簡述雲端運算。
11. 美國國家標準和技術研究院的雲端運算明確定義了哪三種服務模式？

第二章 

電子商務的架構與七種流

面臨全球商業環境變遷對各產業所造成的影響，電子商務已經成爲產業衝擊下一股勢不可擋的潮流。而與傳統商務之最大不同，就是這些商務活動都是透過網際網路的環境下進行，並且不斷打破一些習以爲常的傳統商業思維，不斷地創新商業模式。

淘寶網為亞洲最成功的電子商城，提供千奇百怪的產品

2-1 電子商務的架構

關於電子商務的架構，有許多學者提出了不同的見解，隨著角度或角色的差異也有各種不同的看法，在各自表述的電子商務之架構，自然會有不同的解讀。從宏觀的角度，我們特別以卡納科特（Kalakota）和溫斯頓（Whinston）在1997年提出較完整的架構，包含了兩大支柱（Two Supporting Pillars）以及四大基礎建設來看。在這穩固的支柱和基礎上，架構了完整的相關應用，並且以產業區隔爲導向，電子商務是指利用網際網路進行購買、銷售或交換產品與服務。

電子商務架構建立在兩大支柱與四大基礎建設之上

2-1-1 公共政策與技術標準

卡納科特和溫斯頓對於電子商務架構所描述的兩大支柱，分別是公共政策（Public Policy）與技術標準（Technical Standards），唯有這兩大支柱的配合下，才能讓電子商務有足夠健全的發展。分別說明如下：

■ 公共政策

傳統商業模式可由現行的商業法規來管轄，但是電子商務是網路高科技下的產物，可能製造出許多前所未有的問題，必須要制定相關的「公共政策」及法律條文來配合，包括著作權法、隱私權保障、電子簽章法、消費者保護法、非法交易的偵察、個人資料保護法、網路資訊的監督以及資訊定價等。

■ 技術標準

「技術標準」是為了確定網際網路技術的相容性與標準性，包括文件安全性、網路通訊協定、訊息交換的標準協定等，以便在不同的傳輸系統之間有最好的管理，在任何狀況下仍然能夠保持通訊的暢通。

2-1-2 電子商務應用功能

電子商務系統相關的人員，大部分都會接觸到此一層面，包含各種領域的不同服務產業。本層具有以下主要功能：供應鏈管理、隨選視訊服務、網路銀行、網路化採購、網路行銷廣告、線上購物等。

■ 供應鏈管理

供應鏈（Supply Chain）的觀念源自於物流（Logistics），包含從原物料到達最終消費者的製造與產品運送的所有活動，而「供應鏈管理」（Supply Chain Management, SCM）理論的目標是將上游零組件供應商、製造商、流通中心，以及下游零售商上下游供應商成爲夥伴，以降低整體庫存之水準或提高顧客滿意度爲宗旨。如果企業能做好供應鏈的管理，可大爲提高競爭優勢，而這也是企業不可避免的趨勢。

■ 隨選視訊服務

隨著寬頻上網逐漸風行，有線電視也結合網路功能，吹起了互動電視的風潮，「隨選視訊」（Video on Demand, VoD）服務是互動電視衆多的功能之一。隨選視訊是一種嶄新的視訊服務，使用者可不受時間、空間的限制，透過網路隨選並即時播放影音檔案，並且可以依照個人喜好「隨選隨看」，不受播放權限、時間的約束。目前VoD技術已被廣泛應用在遠距教學、線上學習、電子商務，未來還可能發展到電影點播、新聞點播等方面。中華電信所推出的MOD（Multimedia on Demand）服務，提供隨選收看電視與電影等影音節目的功能，頻寬問題較VOD來的好，節目也比較多，讓各位享受看電視看到盡興的樂趣，也擴大到各類型的加值服務。

■ 網路銀行

目前金融機構對於客戶所提供的金融加值型服務，早已由隨處可見的「自動櫃員機」（ATM）進展到目前的「網路銀行」（Internet Bank）。網路銀行係指客戶透過網際網路與銀行電腦連線，無需受限於銀行營業時間、營業地點，隨時隨地從事資金調度與理財規劃，並可充分享有隱密性與便利性，即可直接取得銀行所提供之各項金融服務。現代家庭中許多五花八門的帳單，都可以透過網路銀行來進行轉帳與付費。

中華電信MOD網頁

中國信託網路銀行

■ 網路化採購

購買（Purchase）是狹義的採購，僅限於以「買入」（Buying）的方式取得物品，採購（Procurement）是指企業為實現企業銷售目標，在充分了解市場要求的情況下，從外部引進產品、服務與技術的活動。透過網路來採購是電子商務常見的應用，又稱為「電子採購」（e-Procurement），利用網路技術將採購過程脫離傳統的手動作業流程，大量向產品供應商或零售商訂購，可以大幅提升採購與發包作業效率，進而增加企業獲利。

IBM所提供的客製化電子採購系統

■ 網路行銷廣告

電子商務的優勢，目前已經得到高度的認同，數位行銷也可以說網路行銷，就是透過網路來達成行銷的目的或行爲。企業選擇網路行銷，不僅僅是爲了銷售產品，更多的是爲了品牌推廣和企業形象的建立。網路科技與行銷活動的整合，可加速企業實現許多行銷相關能力的競爭優勢。線上廣告也稱爲網路廣告，與傳統廣告不同，網路廣告較可以給予廣告主較精準、針對廣告客戶群與消費者量身訂作的廣告。

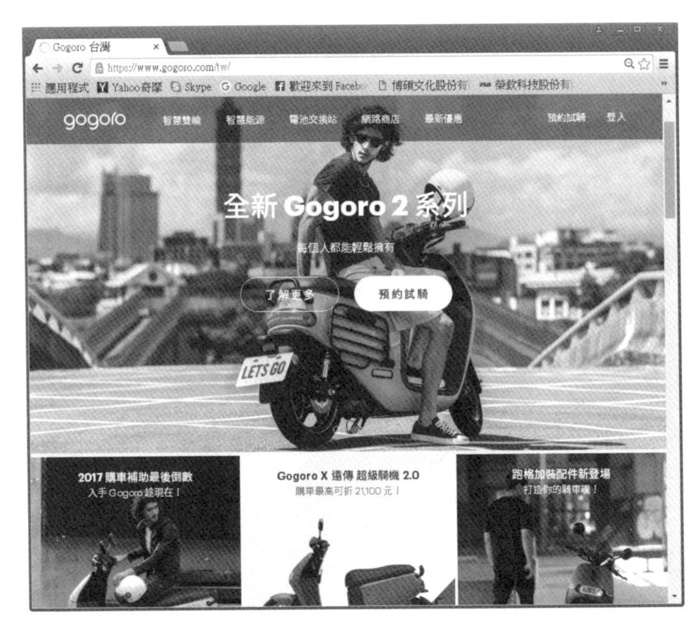

現代人的生活每天都受到網路行銷的影響

■ 線上購物

電子商務已經躍爲今日現代商業活動的主流，不論是傳統產業或新興科技產業都深受電子商務這股潮流的影響。消費者只要透過家中的個人電腦連線即可輕鬆上網購物，不但改變人民生活型態，也衝擊到銷售通路結構。透過網路進行購物不再是少數，例如大買家網路量販店，就是集合眾多優質日常生活產品的網路購物平台，對消費者承諾「買的便宜買的安心」（Save & Safe），是一個應有盡有的量販百貨網路大賣場。

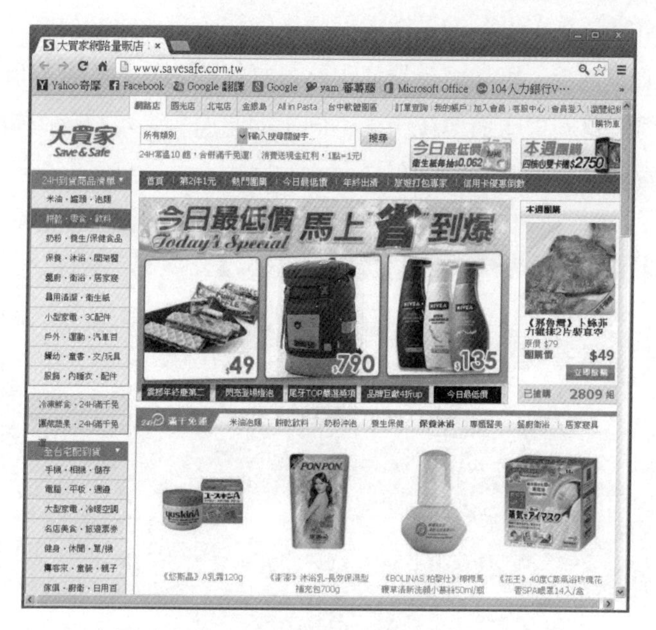

大買家網站有相當齊全的日常生活用品

2-1-3 一般商業服務架構

在網際網路上從事交易行為，由於面對的是虛擬世界，線上交易安全就是首要的條件。電子商務只要解決交易的細節問題，那麼商業世界的結構將在網路商務以及網際網路的影響下整個改觀。一般「商業服務架構」（Common Business Service Infrastructure）主要是解決線上付款工具的不足（如電子錢包），保障安全交易及安全的線上付款工具的相關技術與服務，來確保資訊在網路上傳遞的安全性及防止冒名交易，包括安全技術、驗證服務、電子付款與電子型錄等。

MasterPass電子錢包可以整合多張信用卡與雙重安全防護系統

Tips

電子錢包（Electronic Wallet）是一種符合安全電子交易的電腦軟體，就是你在網路上購買東西時，可直接用電子錢包付錢，而不會看到個人資料，將可有效解決網路購物的安全問題。

2-1-4 訊息及資訊分配架構

數位化資訊在網路上傳送時，是由一連串的0和1所組成，要成功進行電子交易，過程中訊息及資訊分配架構（Messaging and Information Distribution Infrastructure）必須提供格式化及非格式化資料進行交換媒介，包括了電子資料交換（EDI）、電子郵件與超文件傳送（http）等議題。

Tips

超文件傳輸協定（HyperText Transfer Protocol, HTTP）是用來存取WWW上的超文字文件（Hypertext Document），例如http://www.yam.com（蕃薯藤URL）。

2-1-5 多媒體內容及網路出版基礎架構

資訊高速公路是實現多媒體資料傳輸的一個傳送基礎架構，其中全球資訊網可以說是目前網路出版最普及的資訊結構，它讓Internet原本生硬的文字介面，取而代之的是聲音、文字、影像、圖片及動畫的多媒體交談介面。WWW利用「超文字標示語言」（Hyper Text Markup Language，簡稱HTML）的描述，出版於Web伺服器上面供使用者瀏覽。例如早期的電子郵件內容只有文字模式，而現今由於多媒體技術的快速發展及通訊協定（Multipurpose Internet Mail Extention, MIME）的問世，使得e-mail也可以傳送多媒體檔案，如圖畫、聲音、動畫等。所謂多媒體內容及網路出版基礎架構（Multimedia Content and Network Publishing Infrastructure），即包含XML、JAVA、WWW來提供一個統一的資訊出版環境。

Tips

「可延伸標記語言」（Extensible Markup Language, XML），可以定義每種商業文件的格式，並且能在不同的應用程式中使用，由全球資訊網路標準制定組織W3C根據SGML衍生發展而來，是一種專門應用於電子化出版平台的標準文件格式。

2-1-6 網路基礎架構

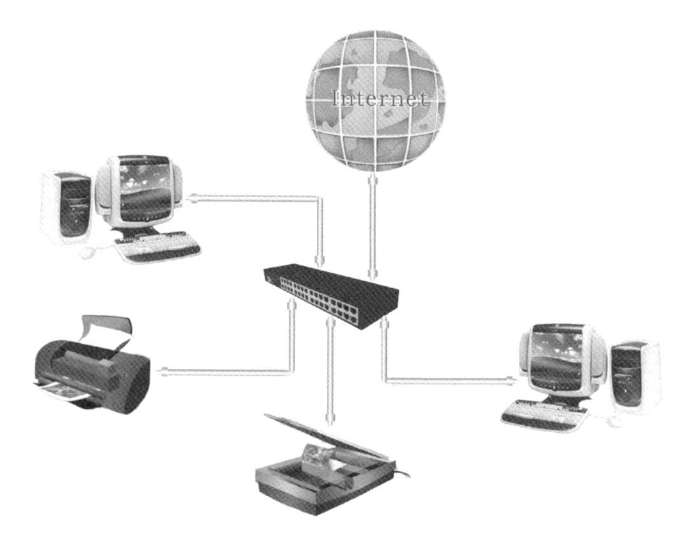

網際網路架構示意圖

「網路基礎架構」（Network Infrastructure）提供電子化資料的實際傳輸，整合不同類型的傳送系統及傳輸網路，包括區域網路、電話線路、有線電視網、無線通訊、網際網路及衛星通訊系統，這個架構是推動電子商務必備的基礎建設。

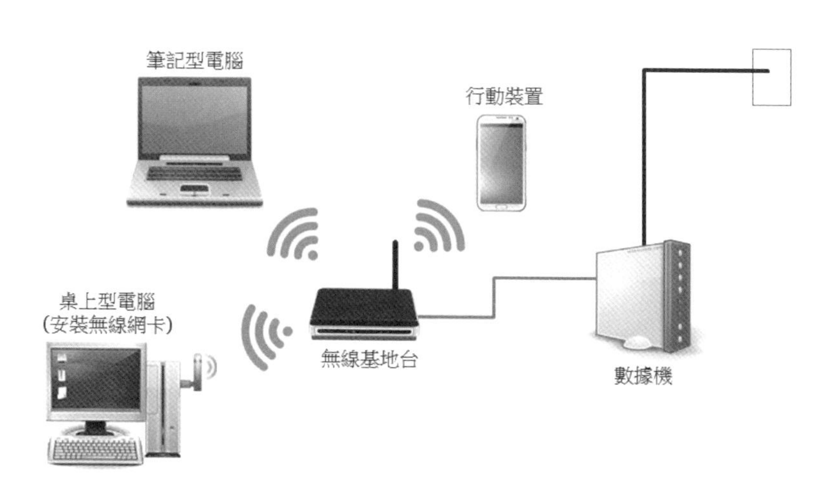

無線網路架構圖

CHAPTER 2

2-2 電子商務的七種流

網際網路普及背後孕育著龐大商機，但電子商務仍然面臨商業競爭與來自消費者的挑戰。對現代企業而言，電子商務已不僅僅是一個嶄新的配銷通路模式，最重要的是提供企業一種全然不同的經營與交易模式。透過e化的角度，可將電子商務分爲七種流（flow），其中有四種主要流（商流、物流、金流、資訊流）與三種次要流（人才流、服務流、設計流），分述如下。

電子商務的四種主要流（商流、物流、金流、資訊流）

2-2-1 商流

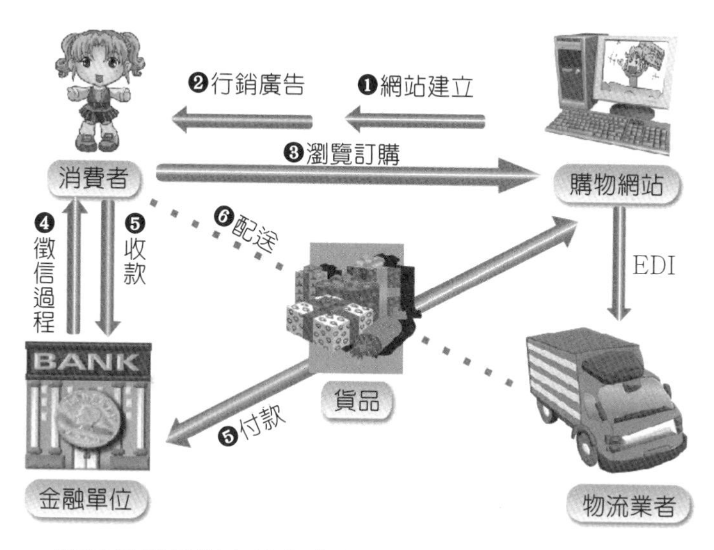

商流是指是指交易作業的流通及所有權移轉過程

電子商務的本質是商務，商務的核心就是商流，「商流」是指交易作業的流通，或是市場上所謂的「交易活動」，是各項流通活動的主軸，代表資產所有權的轉移過程，內容則是將商品由生產者處傳送到批發商手後，再由批發商傳送到零售業者，最後則由零售商處傳送到消費者手中的商品販賣交易程序。商流屬於電子商務的後端管理，包括了銷售行爲、商情蒐集、商業服務、行銷策略、賣場管理、銷售管理等活動。

2-2-2 金流

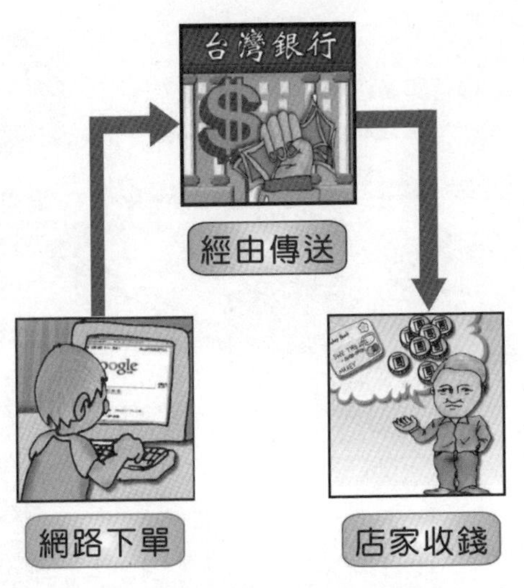

金流傳送過程示意圖

「金流」就是網站與顧客間有關金錢往來與交易的流通過程，是指資金的流通，簡單的說，就是有關電子商務中「錢」的處理流程，包含應收、應付、稅務、會計、信用查詢、付款指示明細、進帳通知明細等，並且透過金融體系安全的認證機制完成付款。早期的電子商務雖仍停留在提供資訊、協同作業與採購階段，未來是否能將整個交易完全在線上進行，關鍵就在於「金流e化」的成功與否。

Tips

「金流e化」也就是金流自動化，在網路上透過安全的認證機制，包括成交過程、即時收款與客戶付款後相關的自動處理程序，目的在於維護交易時金錢流通的安全性與保密性。目前常見的方式有貨到付款、線上刷卡、ATM轉帳、電子錢包、手機小額付款、超商代碼繳費等。

玉山銀行提供多種優質電商金流服務方案

2-2-3 物流

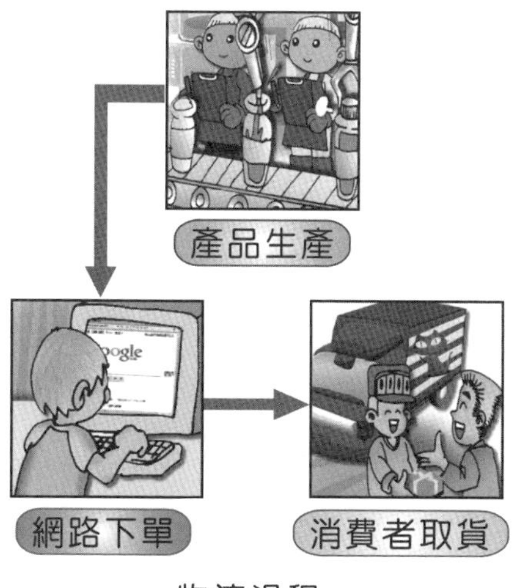

物流過程

「物流」（Logistics）是電子商務模型的基本要素，定義是指產品從生產者移轉到經銷商、消費者的整個流通過程，透過有效管理程序，並結合包括倉儲、裝卸、包裝、運輸等相關活動。電子商務必須有現代化物流技術作爲基礎，才能在最大限度上使交易雙方得到方便性。由於電子商務主要功能是將供應商、經銷商與零售商結合一起，因此電子商務上物流的主要重點就是當消費者在網際網路下單後，廠商如何將產品利用運輸工具抵達目的地，最後遞送至消費者手上的所有流程。

黑貓宅急便是很優秀的物流團隊

通常當經營電商網站進入成熟期，接單量越來越大時，物流配送是電子商務不可缺少的重要環節，重要性甚至不輸於金流！目前常見的物流運送方式有郵寄、貨到付款、超商取貨、宅配等，對於少數虛擬數位化商品和服務來說，也可以直接透過網路來進行配送與下載，如各種電子書、資訊諮詢服務、付費軟體等。

成功的物流管理帶來沃爾瑪的卓越經營成果

2-2-4 資訊流

「資訊流」是一切電子商務活動的核心，泛指商家透過商品交易或服務，以取得營運相關資訊的過程。所有上網的消費者首先接觸到的就是資訊流，包括商品瀏覽、購物車、結帳、留言版、新增會員、行銷活動、訂單資訊等功能。企業應注意維繫資訊流暢通，以有效控管電子商務正常運作。一個線上購物網站最重要的就是整個網站規劃流程，好的網站架構就好比一個好的賣場，消費者可以快速的找到自己要的產品。

受歡迎的網站必定有良好的資訊流

2-2-5 服務流

服務流是以消費者需求爲目的，爲了提升顧客的滿意度，根據需求把資源加以整合，所規劃一連串的活動與設計，並且結合商流、物流、金流與資訊流，消費者可以快速找到自己要的產品與得到最新產品訊息，廠商也可以透過留言版功能得到最即時的消費者訊息，包含售後服務，也就是在交易完成後，可依照產品服務內容要求服務。有些出版社網站經常辦促銷與贈品活動，也會回答消費者買書的相關問題，甚至辦簽書會讓作者與讀者線上面對面討論。

服務流的好壞對網路買家有很大的影響

2-2-6 設計流

設計流泛指網站的規劃與建立，涵蓋範圍包含網站本身和電子商圈的商務環境，就是依照顧客需求所研擬之產品生產、產品配置、賣場規劃、商品分析、商圈開發的設計過程，包括設計企業間資訊的分享與共用，強調顧客介面的友善性與個人化。設計流的重點在於如何提供優質的購物環境，和建立方便、親切、以客爲尊的服務流，可透過網際網路和合作廠商，甚至是消費者共同設計或是修改。例如Apple Music是一般人休閒時相當優質的音樂播放網站，不但操作介面秉持著Apple軟體一貫簡單易用的設計原則，使用智慧型播放列表還可以組合出各式各樣的播放音樂方式，這就是結合多項服務所產生一種連續性服務流。

Apple Music網站的設計流相當成功

Tips

蘋果公司所推出的Apple Music，提供了類似Spotify、KKBOX、YouTube、LINE MUSIC、Pandora的串流音樂服務，只要每個月支付固定費用，就可以收聽雲端資料庫中的所有歌曲。Apple Music提供的不僅是龐大的雲端歌曲資料庫，最重要的是能夠分析使用者聽歌的習慣。

2-2-7 人才流

電子商務高速成長的同時，人才問題卻成了上萬商家發展的瓶頸。人才流泛指電子商務的人才培養，以滿足現今電子商務熱潮的人力資源需求。電子商務所需求的人才，是跨領域、跨學科的人才，因此這類人才除了要懂得電子商務的技術面，還需學習商務經營與管理、行銷與服務。

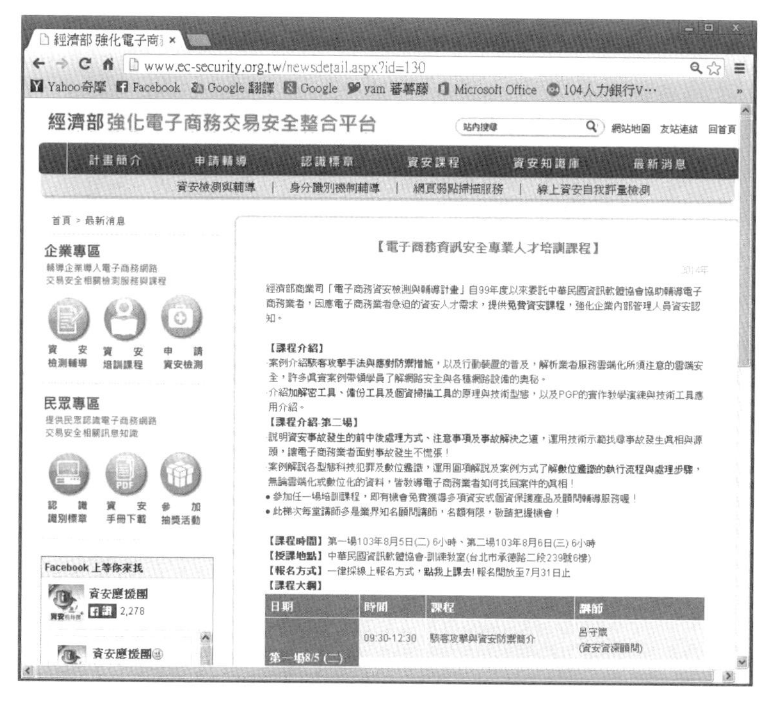

經濟部經常舉辦電子商務人才培訓計畫

2-3 電子商務交易模式

整個電子商務的交易流程是由「消費者」、「網路商店」、「金融單位」與「物流業者」等4個組成單元，其中金流就是網站與顧客間有關金錢往來與交易的流通過程。簡單地說，就是有關電子商務中「付費」的處理流程，包含應收、應付、稅務、會計、匯款等。隨著交易通路與電子交易形式越形複雜，雖然電子付款的方式較一般傳統付款方式便捷，如何建立個人化與穩定安全的金流環境已成電子商務邁向成功的必要條件。

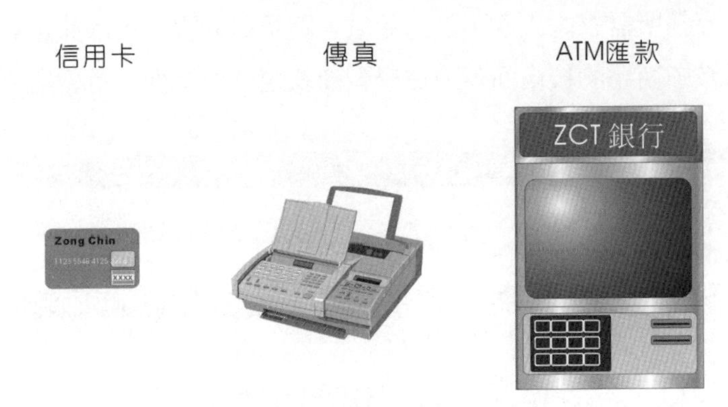

電子商務早期的付款方式

在數位產業分工細密的時代中，電子商務型態越驅成熟，幾乎沒有任何商業網站是自行向消費者收款，而是與各金流單位策略合作。網路金流解決方案很多，沒有統一的模式，目前常見的方式可概分爲非線上付款（Off Line）與線上付款（On Line）兩類。

Tips

「電子資金移轉」（Electronic Funds Transfer, EFT）或稱爲電子轉帳，使用電腦及網路設備，通知或授權金融機構處理資金往來帳戶的移轉或調撥行爲。例如在電子商務的模式中，金融機構間之電子資金移轉作業就是一種B2B模式。

「金融電子資料交換」（Financial Electronic Data Interchange, FEDI）是一種透過電子資料交換方式進行企業金融服務的作業介面，就是將EDI運用在金融領域，可作爲電子轉帳的建置及作業環境。

2-3-1 非線上付款

劃撥轉帳是早期電子商務常見的付款方式

首先我們來介紹非線上付款（Off Line）方式，包括有貨到付款、匯款、ATM轉帳、超商代碼繳費等。

■ **貨到付款：**由物流配公司配送商品後代收貨款之付款方式，例如郵局代收貨款、便利商店取貨付款，或者有些宅配公司也提供了貨到付款的服務，甚至提供消費者貨到當場刷卡。

貨到付款是相當普遍的付款方式

■**匯款、ATM轉帳**：特約商店將匯款或轉帳資訊提供給使用者，使用者利用提款卡在自動櫃員機（ATM）轉帳，或是到銀行進行轉帳付款。

■**超商代碼繳費**：消費者在網路上購買後會產生一組繳費代碼，取得代碼在超商完成繳費就可立即取得服務。例如7-11的ibon或全家的Fami-Port。ibon是7-11的一台機器，可以在上面列印優惠券、訂票、列印付款單據等，你的電子信箱也會收到7-11超商ibon繳費代碼通知信，不過超商會額外收取一筆手續費。

7-11的ibon系統主畫面

2-3-2 線上付款

「線上付款」（On Line）又稱為電子付款方式，電子付款是電子商務不可或缺的一個部分，就是利用數位訊號的傳遞來代替一般貨幣的流動，達到實際支付款項的目的。各位如果在國外，還可以透過PayPal等有儲值功能的帳戶進行線上交易。雖然電子付款的方式較一般傳統的付款方式便捷，但是如何建立個人化與穩定安全的金流環境，已成普及電子商務最迫切需要解決的問題。

Tips

PayPal是全球最大的線上金流系統與跨國線上交易平台，適用於全球203個國家，屬於eBay旗下的子公司，可以讓全世界的買家與賣家自由選擇購物款項的支付方式。各位如果常在國外購物的話，應該常常會看到PayPal付款，只要提供PayPal帳號即可，不但能拉近買賣雙方的距離，也能省去不必要的交易步驟與麻煩。如果你有足夠的PayPal餘額，購物時所花費的款項將直接從餘額中扣除，或者PayPal餘額不足的時候，還可以直接從信用卡扣付購物款項。

PayPal是全球最大的線上金流系統

■ 線上刷卡

信用卡是發卡銀行提供持卡人一定信用額度的購物信用憑證，線上刷卡則是利用網站提供刷卡機制付款。目前Visa與Master爲全球接受度最高的信用卡，而JCB則是日本占有率最高的信用卡，方便而快速的信用卡付款早已成爲電子商務中消費者最愛使用的支付方式之一。消費者在網路上使用信用卡付款時，只需輸入卡號及基本資料，商店再將該資料送至信用卡收單銀行請求授權，經過許可之後，商店便可向銀行取得貨款。

■ 虛擬信用卡

有別於傳統信用卡，虛擬信用卡本身並沒有實體卡片，只由發卡銀行提供消費者一組十六碼卡號與卡號有效期限作爲網路消費的支付工具，和實體信用卡最大的差別就在於虛擬信用卡發卡銀行會承擔虛擬信用卡可能被冒用的風險。虛擬信用卡的特性，是網路金融服務的延伸，並因應網路交易支付的工具。由於信用額度較低，只有2萬元上限，因此降低了線上交易的風險。不過也僅能在網路商城中購物，無法拿到實體店家消費，目前富邦、世華、聯邦等銀行均推出虛擬信用卡。

■ 電子現金

電子現金（e-Cash）又稱爲數位現金，是模擬一般傳統現金付款方式的電子貨幣，相當於銀行所發行的現金，可將貨幣數值轉換成加密的數位資料，當消費者要使用電子現金付款時，必須先向網路銀行提領現金，使用時再將數位資料轉換爲金額。電子現金只有在申購時需要先行開立帳戶，但是使用電子現金時則完全匿名，目前區分爲智慧卡型電子現金與可在網路使用的電子錢包。

■ 智慧卡

智慧卡是一種附有IC晶片大小如同信用卡般的卡片，可將現金儲存在智慧卡中，使用者隨身攜帶以取代傳統的貨幣方式，如7-11發行的icash預付儲值卡及許多台北人上下班搭乘捷運所使用的悠遊卡。

■ 電子錢包

電子錢包則是電子商務活動中，網上購物顧客最常用的一種支付工具，是在小額購物時經常用使的新式錢包。交易雙方均設定電子給付系統，以達到付款收款的目的，消費者在網路購物前必須先安裝電子錢包軟體，接著消費者可以向發卡銀行申請使用這個電子錢包，除了能夠確認消費者與商家的身分，並將傳輸的資料加密外，還能記錄交易的內容。例如只要有Google帳號就可以申請Google Wallet電子錢包並綁定信用卡或是金融卡，透過信用卡的綁定，就可以針對Google自家的服務進行消費付款，簡單方便又快速。

Google的電子錢包相當方便實用

■ WebATM

「WebATM」（網路ATM）就是把傳統實體ATM（自動提款機）搬到網路上使用，是一種晶片金融卡網路收單服務，不論是網路商家或實體店家皆可申請使用。除了提領現金之外，其他還能轉帳、繳費（手機費、卡費、水電費、稅金、停車費、學費、社區管理費）、查詢餘額、繳稅、更改晶片卡密碼等。各位只要擁用任何一家銀行發出的「晶片金融卡」，插入一台「晶片讀卡機」，再連結電腦上網至網路ATM，就可立即轉帳支付消費款項。

中國信託網路ATM畫面

■ 電子票據

電子票據就是以電子方式製成的票據，並且利用電子簽章取代筆或印章的實體簽名蓋章，包括電子支票、電子本票及電子匯票。例如電子支票模擬傳統支票，是電子銀行常用的一種電子支付工具，以電子簽章取代實體之簽名蓋章，設計的目的就是用來吸引不想使用現金而寧可採用個人和公司電子支票的消費者，在支付及兌現過程中需使用個人及銀行的數位憑證。

■ 小額付款機制

根據資策會MIC的調查，目前上網最大族群是16到25歲的年輕人，這群擁有龐大消費潛力的消費族群卻可能因爲年齡不足或收入條件，無法申請信用卡。因此許多電信業者與ISP都有提供小額付款（Micro Payment）服務，使用者進行消費之後，只要輸入手機號碼與密碼，費用會列入下期帳單內收取，例如中華電信提供行動商務小額付款平台，利用行動電話之個人化及安全機制，提供「中華支付行動電話付款」服務。

HiNet小額付款網頁

2-3-3 第三方支付

近幾年來，網路交易已成經爲現代商業交易的潮流及趨勢，交易金額及數量不斷上升，成長幅度已經遠大於實體店面，但是在電子商務交易中，一般銀行不會爲小型網路商家與個人網拍賣家提供信用卡服務，因此無法直接在網路上付款，但這些人往往是網路交易的大宗力量。爲了提升交易效率，由具有實力及公信力的「第三方」設立公開平台，作爲銀行、商家及消費者間的服務管道模式孕育而生。

「第三方支付」（Third-Party Payment）機制，就是在交易過程中，除了買賣雙方外，透過第三方來代收與代付金流，就可稱爲第三方支付。例如使用悠遊卡購買捷運車票或用icash在7-11購買可樂，因爲我們都沒有實際拿錢出來消費，店家也沒有直接向我們收錢，廣義上這些模式都可稱得上是第三方支付模式。例如一般民眾逛夜市吃小吃，如果第三方支付業者與小攤販合作，只要用智慧型手機掃描QR code，就能馬上扣款付帳。

在電子商務的世界中，買賣雙方如果透過「第三方支付」機制，用最少的代價保障彼此的權益，就可降低彼此的風險。在網路交易過程中，第三方支付機制建立了一個中立的支付平台，爲買賣雙方提供款項的代收代付服務。買方選購商品後，只要利用第三方支付平台提供的帳戶，進行貨款支付（包括ATM付款、信用卡付款及儲值付款），由第三方支付平台通知賣家貨款到帳、要求進行發貨，買方在收到貨品及檢驗確認無誤後，通知可付款給賣家，第三方再將款項轉至賣家帳戶。從理論上來講，這樣的做法可以杜絕交易過程中可能的欺詐行爲。

第三方支付可說是網路時代交易媒介的變形，也是促使電子商務產業成熟發展的要件之一。不同的購物網站，各自有不同的第三方支付機制，美國很多網站會採用PayPal來當作第三方支付，在中國最著名的淘寶網，採用的第三方支付爲「支付寶」。「支付寶」是阿里巴巴集團發展的一個第三方線上付款服務，申請了這項服務，就可以立即在中國大大小小的網路商城中購買商品。在淘寶網購物，都是需要透過「支付寶」才可付款，它支援臺灣的信用卡刷卡，是很便利的一種付費機制。各位只要把一筆錢匯到這個儲值的戶頭中，然後在下單付款的時候，選擇要支付的戶頭來扣款即可。

支付寶網頁有使用說明與操作方法

2-3-4 虛擬貨幣與NFT支付

各位是否聽過虛擬貨幣，或稱爲「加密貨幣」（Cryptocurrency），是可以在電子商務中購買產品或服務的一種付款方式。例如在線上遊戲虛擬世界中，衍生出一些特殊的交易模式，像是虛擬寶物等。這些商品都可以用實際貨幣來進行買賣兌換，更有人專門玩線上遊戲爲生，目的在得到虛擬貨幣後再販賣給其他的玩家。各種虛擬貨幣已經成爲一種金融資產，這反映出電子商務的經營模式絕對充滿著一種無限想像空間。目前越來越多商家開始透過穩定幣跨境交易，近期全球最熱門的網路虛擬貨幣，如比特幣、以太坊（Ethereum）或萊特幣等，允許來自不同技術設備的購買付款流程，具有更大的靈活性，能讓虛擬貨幣持幣者到店家刷卡付款。

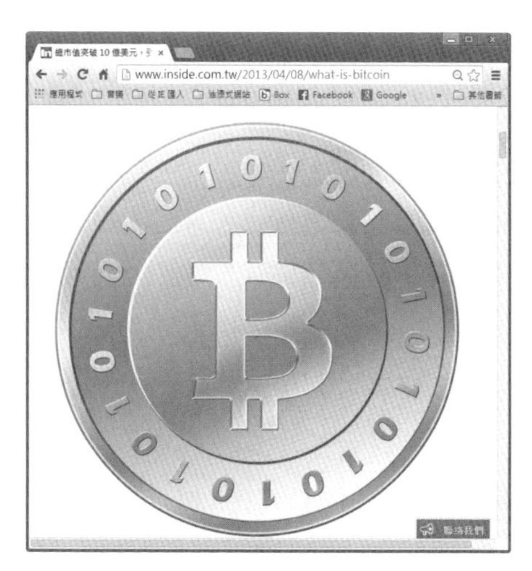

比特幣是目前最熱門的虛擬貨幣

「比特幣」是一種不依靠特定貨幣機構發行的全球通用加密虛擬貨幣，和線上遊戲虛擬貨幣相比，比特幣可說是這些虛擬貨幣的進階版。比特幣是透過特定演算法大量計算產生的一種P2P模式虛擬貨幣，它不僅是一種資產，還是一種支付的方式。任何人都可以下載Bitcoin的錢包軟體，這像是一種虛擬的銀行帳戶，並以數位化方式儲存於雲端或是用戶的電腦。這個網路交易系統由一群網路用戶所構成，和傳統貨幣最大的不同是，比特幣沒有一個中央發行機構，你可以匿名在這個網路上進行轉帳和其他交易。目前已經有許多電商網站開始接受比特幣交易，甚至已提供包括美元、歐元、日圓、人民幣在內的十七種貨幣交易。

Tips

P2P模式是讓每個使用者都能提供資源給其他人，也就是由電腦間直接交換資料來進行資訊服務。P2P網路中每一節點所擁有的權利和義務是對等的，自己本身也能從其他連線使用者的電腦下載資源，以此構成一個龐大的網路系統。P2P模式具有資源運用最大化、直接動作和資源分享的潛力。

隨著相當熱門的NFT出現，目前在藝術品、音樂、電子存證、身分認證等領域掀起熱潮，許多藝術品以NFT形式拍賣出售，也提供了創作者許多浮上檯面的機會。「非同質化代幣」（Non-Fungible Token, NFT）也是屬於數位加密貨幣的一種，非常適合用來作爲數位資產的憑證，代表著世界上獨一無二、無法用其他東西取代的物件，交易資訊皆被透明標誌記錄，也是一種以「區塊鏈」（Block Chain）作爲背景技術的虛擬資產，更是新一代科技人投資及獲利工具。每個NFT代幣可以代表一個獨特的數位資料，例如圖畫、音檔、影片等，和比特幣、以太幣或萊特幣等這些同質化代幣是完全不同，由於NFT擁有獨一無二的識別代碼，未來在電子商務領域，會有非常多的應用空間。例如2021年底，歐美最大的獨立電商平台Shopify，宣布與GigLabs合作，讓這些商家，能夠直接在Shopify平台上販賣，開啓了將NFT這樣的技術，帶進了電商產業的序幕。

Tips

區塊鏈（Block Chain）可以把它理解成是一個全民皆可參與的去中心化分散式資料庫與電子記帳本，一筆一筆的交易資料都可以被記錄，簡單來說，就是一種全新記帳方式，也將一連串的紀錄利用分散式帳本（Distributed Ledger）概念與去中心化的數位帳本來設計，能讓所有參與者的電腦一起記帳，可在商業網路中促進記錄交易與追蹤資產的程序。比特幣就是區塊鏈的第一個應用。

本章習題

1. 請介紹資訊流的意義。
2. 試簡述供應鏈管理（Supply Chain Management, SCM）理論。

3. 網路銀行的功用爲何？
4. 請說明隨選視訊的特點。
5. 請簡述電子採購（e-Procurement）。
6. 請說明商流的意義。
7. 請解釋物流（Logistics）的定義。
8. 何謂設計流？試說明之。
9. 試簡述超商代碼繳費的流程。
10. 舉出三種線上交易的付款方式。
11. 何謂「電子錢包」（Electronic Wallet）？
12. 比特幣主要功用爲何？
13. 何謂非同質化代幣（Non-Fungible Token, NFT）？

第三章

企業電子化入門

隨著資訊技術的迅速發展，電腦在辦公室內所能協助處理的範圍也日漸擴大，不同資訊系統藉由電腦的輔助，將企業內部的作業資訊與企業管理融合爲一，使經營管理者從其中獲得層次及種類不同的經營情報與策略，這也揭開了「企業電子化」（Electronic-Business）或稱企業e化的序幕。

企業電子化成為企業成長的必要課題

管理之父彼得．杜拉克博士曾說：「做正確的事情，遠比把事情做正確來的重要。」因此，身爲現代的管理者，首先需要具備系統規劃、思考及執行能力，能夠有效地收集資訊及有效地運用組織資源與相關資訊系統，最終達企業與組織的目標。

廣達電腦建立了相當完整的企業電子化系統

3-1 企業e化簡介

企業e化所包涵的範圍不單只是電子商務所提到的商品買賣和提供服務而已，除了透過網路與客戶互動與交易外，還涵蓋了改造企業或其上下游商業夥伴間的供應鏈運作與流程。根據Malecki（1999）對企業e化的定義為：運用「企業內網路」（Intranets）、「企業外網路」（Extranets）及網際網路（Internet），將重要企業情報與知識系統與其供應商、經銷商、客戶、員工及合作夥伴緊密結合。簡單來說，企業e化最大意義在於藉著網路技術的運用，改變原有企業流程，讓企業的工作進行更有效率，最終目的就是希望為整個企業組織帶來最佳化的績效表現。

■ Intranet

「企業內網路」（Intranet）是指企業體內的Internet，將Internet的產品與觀念應用到企業組織，透過TCP/IP協定來串連企業內外部的網路，以Web瀏覽器作為統一的使用者界面，更以Web伺服器來提供統一服務窗口。服務對象原則上是企業內部員工，而以聯繫企業內部工作群體為主，並使企業體內部各層級的距離感消失，達到良好溝通的目的。在不影響企業文件的機密性與安全性考量下，充分利用網際網路達成資源共享的目的。

■ Extranet

「企業外網路」（Extranet）則是為企業上、下游各相關策略聯盟企業間整合所構成的網路，需要使用防火牆管理，通常Extranet是屬於Intranet的子網路，可將使用者延伸到公司外部，以便客戶、供應商、經銷商以及其他公司，可以存取企業網路的資源。目前多應用於「電子型錄」與「電子資料交換」（Electric Data Interchange, EDI），企業如果能善用Extranet，不需花費太多費用，就能降低管理成本，大幅提升企業競爭力。

3-1-1 企業e化的範圍

企業e化除了可以提升企業整體效能與市場競爭力之外，也提供了一個新的方法，能夠有效地改善企業內部、企業之間以及整個電子商務運作的業務流程。現代企業e化的重要範圍主要是以企業流程再造工程（Business Process Reengineering, BPR）為主，為產業上中下游建構垂直整合的架構，使企業降低了成本，並提高生產速率，進而增加企業整體競爭與獲利能力。

例如台塑關係企業源於創辦人王永慶先生對於企業e化管理的遠見，自民國67年開始將管理制度導入電腦作業，迄今擁有將近四十年的企業e化推動與實行的經驗，在國內製造業中堪稱推動企業電腦化管理的先驅。台塑集團又於2000年4月成立台塑電子商務網站簡稱為「台塑網」，由台塑集團旗下的台塑、南亞、塑化、台化、總管理處等共同投資成立，加上擁有臺灣七千多家的材料供應商及約三千家的工程協力廠商，就是e化效果的最佳典範。

台塑網是台塑集團e化效果的最佳典範

3-1-2 政府e化

世界各國政府認知到電子化政府（e-Government）對於企業、社會和民眾的重要性，莫不大力推動改善網路基礎建設，以民眾為核心提供客戶導向的各類線上服務服務。我國政府e化努力方向已追隨國際資訊發展的脈動，目的在做好精簡政府組織與層級的工作、提高政府組織的反應能力，讓政府的資訊及服務在「數位化」及「網路化」之後，各項業務採用共同的資料庫，以及經由電腦間的連線，讓民眾能夠在單一窗口中辦理各項的業務，並提供以使用者為中心的網路服務平台，鼓勵民眾主動資訊分享與開放討論，達成電子化政府參與式的建構。

戶政事務所電腦內存放大量戶籍資料

目前無論是在政府服務通路的多元化、政府資訊的公開化均有相當具體的成果。電子化政府中各項業務採用相同的資料庫，以及經由電腦間的連線，讓民眾能夠在單一窗口中辦理各項業務，例如線上身分認證、網路報稅、採購電子化、電子化公文、電子資料庫、電子郵遞與政府數位出版。

3-1-3 企業流程再造

企業在網路世界中，已經不像過去有本土企業及國際企業的區隔，必須開始面臨全球所有企業的強力競爭。在企業電子化系統建構的過程中，每一階段電子化能力的提升，也代表著企業營運的效能提升。流程是電子化的核心，流程改造可以鞏固核心基礎。

電子商務改變傳統的商務流程，給企業流程再造提供運用的舞台，爲了達成企業電子化的目的，企業經常必須輔以「企業流程再造」（Business Process Reengineering, BPR）工程，讓企業的流程應用和組織結構廣泛的整合，能夠有效地改善企業內部、企業之間以及整個電子商務運作的業務流程，在電子商務時代創造一個高績效的企業經營模式。事實上，企業流程再造往往是企業電子化過程中的最終目標之一，並將有效地改善電子商務環境下的業務流程。

例如宏碁電腦與宏碁科技的合併案就是企業再造工程的成功案例，並轉型以服務為主的發展方向。施振榮先生指出，新宏碁公司的目標，是希望以資訊電子的產品行銷、服務、投資管理為核心業務，成為新的世界級服務公司。

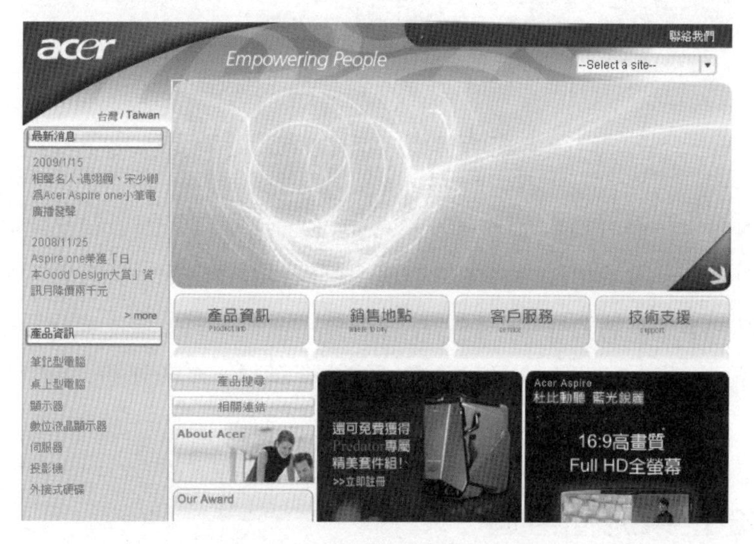

http://www.acer.com.tw/

3-2 資訊系統開發

由於資訊系統的需求經常會隨著主客觀環境改變，如何快速因應系統的變化需求，與資訊系統的開發模式有著莫大的關聯。在此我們將針對兩種常用的資訊系統開發模式，包含系統開發的模式、特色、應用程序及適用情況為各位介紹。

3-2-1 生命週期模式

在1970年代以後軟體工業開始引用流行於硬體工業界的「生命週期模式」（System Development Life Cycle, SDLC）作爲軟體工程的開發模式，並很快地成爲資訊系統發展模式的主流。SDLC模式就是先行假設所開發的資訊系統像一般生物系統有其生命週期，而且每個資訊系統可以區分成由生產起始到系統淘汰且終止的幾個階段，並且在此生命週期的每一階段，如果發現錯誤或問題，應該回到影響所及的前面階段加以修正，才能夠繼續進行後續的問題，這種方法也稱爲瀑布模式，如下圖所示：

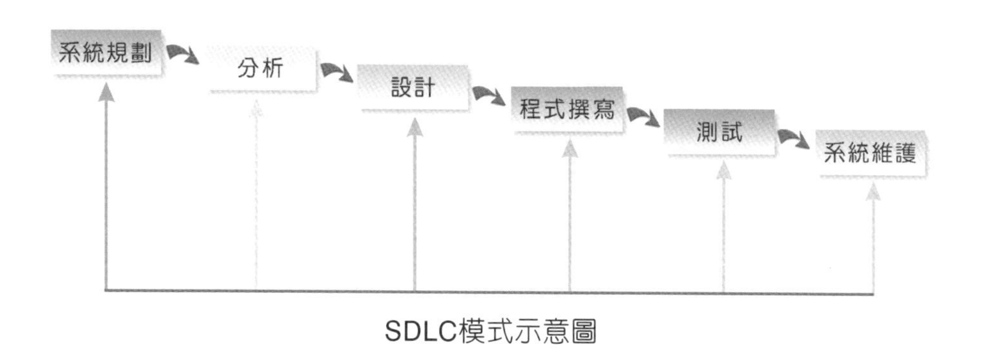

SDLC模式示意圖

SDLC的優點是對每一個階段的分工及責任歸屬，區分的相當清楚，缺點就是如果在每一個階段的需求分析不盡完善，往往會讓以前的開發工作困難重重，另外因爲是以循序性方式進行階段轉移，也會導致系統在沒開發完成前，看不到任何成果。

3-2-2 軟體雛型模型

「軟體雛型模型」（Software Prototyping）就是建立一個資訊系統的初步模型，它需要是可操作，並且具有完成系統的部分關鍵功能，另外再配合高階開發工具與技術，如非程序語言、資料庫管理系統、使用者自建系統、資料字典、交談式系統等。

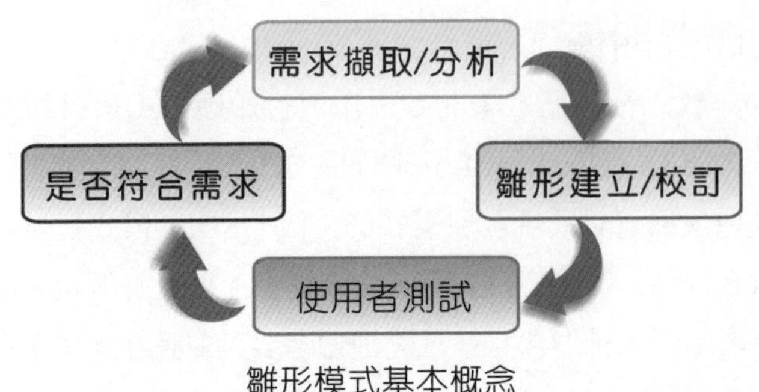

雛形模式基本概念

雛型法最重要的目的是希望可以快速、經濟有效地被開發出來，所以「軟體雛型法」的提出，就是要在短時間內讓使用者去修正意見，再經過快速的回饋（Feedback）過程，反覆進行，直到最後資訊系統為使用者接受為止。下圖是雛型法的開發流程。可分為五階段論，如下圖所示：

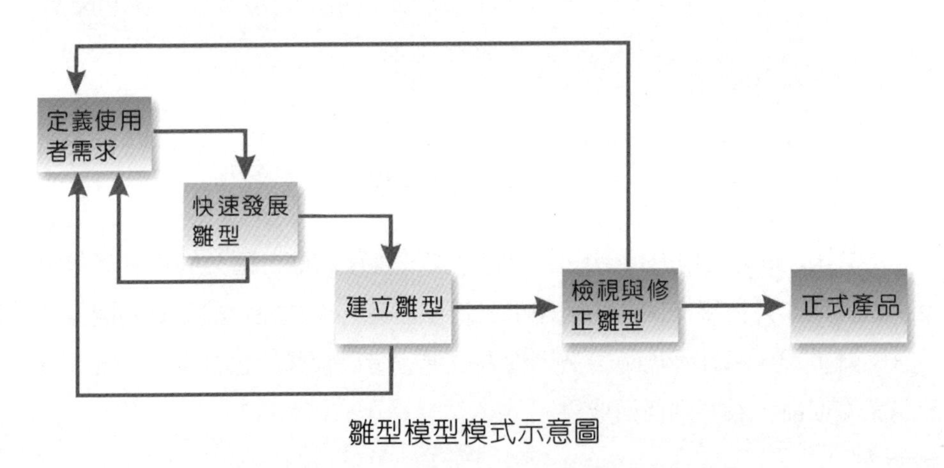

雛型模型模式示意圖

雛型法的優點是可以幫助使用者在很短時間內開發可以操作的系統，不過正因為雛型系統經常是使用高階輔助工具設計出來的，無可避免的缺乏結構化考量而無法通過品質保證檢驗。

3-2-3 螺旋狀模式

B. Boehm綜合了傳統的生命週期、雛型法與風險分析的優點，提出了螺旋狀模式開發方式。就是將資訊系統中所包含的多個子系統，採用由內至外的螺旋狀圓圈，來表示系統的演進採用遞增式開發過程，通常適用於需求改變較不頻繁的系統專案與專案管理者的風險導向開發模式，並透過三個步驟形成一個週期：

1. 找出系統目標及可行方案。
2. 依目標進行評估。
3. 依評估後風險決定下個步驟。

此種遞增式的過程是以「系統演進」的觀點代替了「系統修改」的觀念，每一圓圈代表產品的某一層次的演進。隨著螺旋的每一次循環，更完整的系統版本因此建立。一般說來，螺旋狀模式的工程象限內包含了四項主要活動，分別是目標規劃、風險分析、開發產品與顧客評估。當風險分析指出有風險較高產品時，在工程象限內就可利用多次雛型法開發過程。等到系統在前一步驟確定後，再進行SDLC法開發過程。

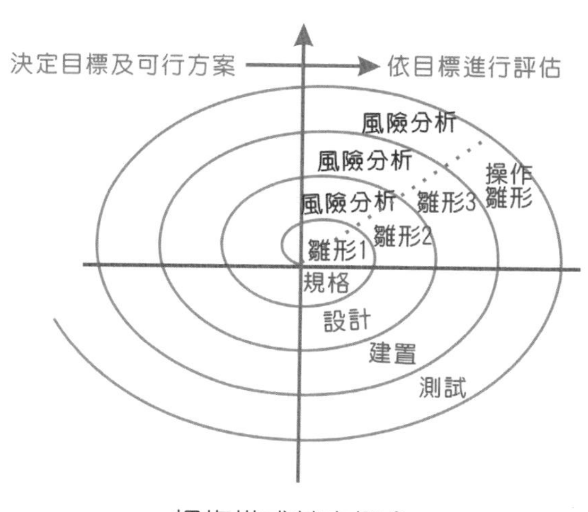

螺旋模式基本概念

3-3 企業資源規劃

隨著市場化程度的深化與競爭的日趨激烈，任何企業都必須十分關注自己的成本、生產效率和管理效能，適時導入企業資源管理系統（ERP），可以讓企業更合理地配置企業資源與增強企業的競爭力。「企業資源規劃」系統（Enterprise Resource Planning, ERP）就是一種企業資訊系統，能提供整個企業的營運資料，將企業行爲用資訊化的方法來規劃管理，提供企業流程所需的各項功能，配合企業營運目標，將企業各項資源整合，以提供即時而正確的資訊，並將合適的資源分配到所需部門手上。ERP已成爲現代企業電子化系統的核心，藉由資訊科技的協助，將企業的營運策略與經營模式導入整個以資訊系統爲主幹的企業體中。

甲骨文（Oracle）是世界知名的ERP大廠

3-3-1 ERP的定義

「企業資源規劃」（ERP）系統最早是由美國著名管理諮詢公司加特納公司（Gartner Group Inc.）於1990年提出，架構與企業預算架構類似，可以整體考量規劃財務、會計、生產、物料管理、銷售與配銷、人力資源、零件採購、庫存維護等連結整合在一起的系統，是一個跨部門、地區的整合工作流程，能全方位擬定因應策略以提升企業競爭力，並且即時掌控與支援公司的各項關鍵決策。

在知識經濟社會環境下，以一個簡單定義來看ERP，它是一種「企業再造」的解決方案，藉由資訊科技的協助，將企業的營運策略與經營模式導入以資訊系統爲主幹的企業體，可重新審視本身的作業流程，並重新思考對資訊系統的需求。藉由ERP整合的特性，可改善公司的存貨週轉率、應收帳款、營業額等與提升整體作業效率。

進入二十一世紀全球分工的年代，ERP必須重新思考從應用結構與多元化業務功能等諸多方面徹底改變。於是，新一代的管理系統ERP II（Enterprise Resource Planning II）因應而生。ERP II是2000年由美國管理諮詢公司加特納公司在原有ERP的基礎上擴展後提出的新概念，相較於傳統ERP專注於製造業應用，更能有效應用網路IT技術及成熟的資訊系統工具，還可整合於產業的需求鏈及供應鏈中，也就是向外延伸至企業電子化領域內的其他重要流程。

3-3-2 ERP系統導入方式

導入ERP系統不同於一般導入的電腦系統，不同行業導入ERP會有不同的挑戰和困難。由於每家資訊廠商的ERP系統皆有其本身系統架構，加上各個企業需求上的差異，因此在ERP系統導入企業的過程中，企業內部必須有達成導入ERP系統預期目標的共識，除了要建立在非常穩定的網路基礎上，會造成財務與制度的重大衝擊，人力瓶頸也經常是造成企業實施成功與否的最大障礙。目前國內主流的ERP系統供應商爲鼎新，而國際大廠則爲思愛普（SAP）以及甲骨文（Oracle）。

鼎新電腦擁有國內最完備的ERP系統與專業

導入ERP系統並非只是買套裝軟體而已，從一般現場管理到電子化流程都需要有一套嚴謹的制度，否則根本無法發揮ERP系統的效益，因此必須審愼評估。通常是以下面三種方式來實施：

■ 全面性導入方式

對於一般企業選擇的導入方式來說，最普遍的方式莫過於全面性導入，指的是公司各部門全面同時導入，藉由這樣大幅度的改變，調整組織的營運方式與人員編制，好處是一次可以解決所有的問題，同步達到企業流程再造的目標。不過貿然地大規模改變組織體質，也有可能造成企業內部產生嚴重的危機。

■ 漸近式導入方式

漸近式導入是將系統劃分爲多個模組，主要是選擇企業的一個事業單位或部門，每次導入少數幾個模組或一次將所需要的模組導入，導入的時間相對較短，好處是可以讓企業逐步習慣新系統的作業方式，等到系統運作順暢後，再開始進行企業全面性的導入。這種一個成功了再換下一個的模式，可以大幅降低風險失敗的風險。缺點是必須等待所有部門逐步導入後，才有一套整合性ERP系統，可能消耗較多的時間成本。對於ERP經驗不足或資訊部門能力有限的企業，是可以考慮採行的較佳方式。

■ 快速導入方式

在時間珍貴、競爭激烈的產業環境中，企業爲了要增加時效性，有時候ERP系統廠商提供的解決方案並不完全適用，企業就可依據某些作業需求來做規劃。例如選擇導入財務、人事、生產、製造、庫存、配銷系統等部分模組，等到將來有需要時，再逐步將其他模組導入，最後推廣到全公司，如此可達到快速導入的需求。由於導入的眼光只侷限在單一模組，缺點是缺乏整體規劃的風險，可能有見樹不見林的副作用。

3-4 供應鏈管理

隨著全球市場競爭態勢日趨激烈，「供應鏈管理」（Supply Chain Management, SCM）已經成爲企業保持競爭優勢與增加企業未來獲利，並協助企業與供應商或企業夥伴間的跨組織整合所依賴的資訊系統。供應鏈管理（SCM）在1985年由邁克爾・波特（Michael E. Porter）提出，可視爲一個策略概念，主要是關於企業用來協調採購流程中關鍵參與者的各種活動，範圍包含採購管理、物料管理、生產管理、配銷管理與庫存管理乃至供應商等方面的資料予以整合，並且針對供應鏈的活動所做的設計、計畫、執行和監控的整合活動。

「供應鏈管理」是一個企業與其上下游的相關業者所構成的整合性系統，包含從原料流動到產品送達最終消費者手中的整條鏈上的每一個組織與組織中的所有成員，形成了一個層級間環環相扣的連結關係，目的就是在一個令顧客滿意的服務水準下，使得整體系統成本最小化。

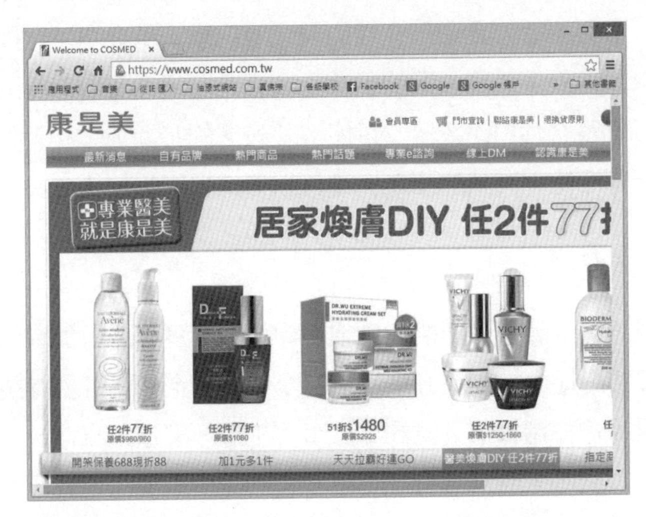

康是美藥妝店建立了完善的電子供應鏈管理系統

相對於企業電子化需求的兩大主軸而言，ERP是以企業內部資源爲核心，SCM則是企業與供應商或策略夥伴間的跨組織整合。在大多數情況下，ERP系統是SCM的資訊來源，ERP系統導入與實行時間較長，SCM系統實行時間較短。

供應鏈通常會被歸類爲「推式」、「拉式」與「混合式」三種。事實上，推與拉的供應鏈各有其策略優勢，不同產業因爲產品與市場之不同，會有不同型態的供應鏈。不過絕大多數產業的供應鏈還是由「推式」與「拉式」共同組成混合式供應鏈，甚至同一公司不同的產品線，也是如此。以量販店的日用品爲例，顧客對這些產品現貨需求較高，基本上均屬於推式的供應鏈，但3C消費商品如大尺寸電視，以稀少的頂層客戶爲主，則多屬拉式的供應鏈。請看以下對兩種供應鏈詳細的說明。

Tips

在供應鏈管理中，經常爲了達成某些目標，必須要犧牲另外一些目標的情形，這樣的取捨情況稱爲「互抵效應」（Trade-Off Effect），互抵效應無法完全被消除，但可以儘量減少它的影響，例如在客戶滿意度方面就會遇到服務水準與庫存成本間兩難的互抵效應。

3-4-1 推式供應鏈

「推式供應鏈」（Push-based Supply Chain）模式，又稱庫存導向模式，生產預測是以長期預測基礎，反應市場的變動往往會花較長的時間，通常製造商會以從零售商那裡收到的訂單來預測顧客需求。從行銷的角度來說，先把產品放在連鎖商店的貨架上，再賣給消費者，在通路行銷學上屬於「推動策略」（Push Strategy），優點是有計畫地爲一個目標需求量（市場預測）提供平均最低成本與最有效率的產出原則，容易達到經濟規模成本最小化，不過這可能導致市場需求不如預期時，容易造成長鞭效應，推出的越多，庫存風險就越大。

Tips

「長鞭效應」（Bullwhip Effect）的作用就是把整個供應鏈比做一條鞭子，整個供應鏈從顧客到生產者之間，當需求資訊變得模糊而造成誤差時，隨著供應鏈越拉越長，波動幅度越大，這種波動最終會造成上游的訂貨量及存貨量相當大的積壓，而且越往上游的供應商情形是越嚴重。長鞭效應是來自於對於終端消費資訊的掌握度不足，解決之道是將這個鞭子縮得越短越好，透過高效能的供應鏈管理系統，直接降低企業的庫存成本，實現即時回應客戶需求的理想境界。

3-4-2 拉式供應鏈

在一個以拉式爲基礎的供應鏈（Pull-based Supply Chain）中，必須以顧客爲導向，又稱「訂單導向模式」，也就是要重視所謂實際需求牽引（Demand Pull），而非以預測資料爲依據。在一個完全拉式的系統中，公司不囤積任何存貨，而只回應特定的訂單。隨著資訊科技的進步，尤其是網路工具的發達，讓供應鏈更有可能由推式模型發展爲拉式模型。優點在於可以快速反映消費者的需求，大幅減少庫存量，不容易造成長鞭效應，缺點則是客製化服務導致成本過高，無法降低生產成本。

3-4-3 混合式供應鏈

拉式與推式基礎的供應鏈並非兩個獨立的生產方式，絕大多數產業的供應鏈是由「推式」與「拉式」兩部分組成的混合式供應鏈，先利用推式基礎的供應鏈來準備半成品，等到顧客進行下單後，再使用拉式基礎的供應鏈來提供客製化的商品。例如戴爾電腦透過良好的供應鏈管理，與供應商達成高度整合，更利用接單後生產模式，讓新產品在最短時間交到客戶手上。我們再以金石堂網路網路書店爲例，對於排行榜內的暢銷書部分採用提前進貨維持庫存的方式，當接到客戶訂單即現貨配送的推式供應鏈，另外對較少人詢問的冷門書籍部分，則是接到客戶訂單後再向出版社訂貨的拉式供應鏈。

金石堂網路書店的書籍供應採用混合式供應鏈

3-4-4 物流管理與全球化運籌管理

物流管理近年來已成爲企業重視的專業技術，不僅可降低營運成本，也是企業競爭力的利器之一。所謂「物流」（Logistics）爲以運輸倉儲爲主的相關活動，就是指原料或成品的實體配送與流動，包括實體供應與配送的整個流程。物流管理是處理商品自原料到成品消費的過程，也是對物流運作過程實施計畫，提高管理效率的活動組成的基本流程。

美國供應鏈管理專業協會（CSCMP）對物流管理（Logistics Management）的定義爲：「供應鏈管理的一部分，可透過資訊科技，對物料由最初的原料，一直到配送成品，就是指完成製成之產品到消費者端的整個流通過程。」在目前二十一世紀電子商務的世代中，做好高效且完善的物流管理，並且發展出良好上下游業者供應鏈夥伴關係，是現代企業必須面臨的關鍵課題。

成功的物流管理帶來沃爾瑪的經營成果

此外，隨著供應鏈管理的演進與資訊科技的進步，企業國際化與自由化已是不可避免的發展趨勢，目前開始有不少的企業著重在導入「全球化運籌管理」（Global Logistics Management, GLM）來提升企業整體的競爭力，更是未來邁向國際市場的致勝因素。「全球化運籌管理」（GLM）是一種全球生產與行銷營運的國際化策略，也是跨國界的供應鏈之資源整合模式，企業從產品的研發上市乃至運送，已到分秒必爭的地步，當企業的整體供應鏈架構是建立在全球市場這個基礎上時，全球運籌管理系統的建立就變得非常重要。例如華碩產品生產基地廣布亞洲、歐洲、美洲等地，除了就生產、組裝據點進行全球布局外，追求具競爭力的製造成本，降低全球庫存，提高存貨周轉率與迅速反應的營運機制，形成完美的供應鏈體系。

華碩電腦的全球化運籌管理相當成功

3-5 顧客關係管理

管理大師彼得．杜拉克曾經說過，商業的目的不在「創造產品」，而在「創造顧客」，企業存在的唯一目的就是提供服務和商品去滿足顧客的需求。俗話常說，要抓住男人的心就要先抓住他的胃，在競爭激烈的網路行銷時代，想要擁有忠誠的顧客，唯一的解決之道就是顧客關係管理。

亞馬遜的顧客關係管理系統做得相當成功

現在企業無論規模大小，成功的重要關鍵在於能夠有效做好顧客管理，進而創造商機與增加獲利。「顧客關係管理」（Customer Relationship Management, CRM）這個概念是在1999年時由加特納公司提出來，最早開始發展顧客關係管理的國家是美國。企業在行銷、銷售及顧客服務的過程中，可透過「顧客關係管理」系統與顧客建立良好的關係。CRM的定義是指企業運用完整的資源，以客戶爲中心的目標，讓企業具備更完善的客戶交流能力，透過所有管道與顧客互動，並提供優質服務給顧客，CRM不僅僅是一個概念，更是一種以客戶為導向的營運策略。

3-5-1 顧客關係管理的內涵

顧客是企業的資產也是收益的來源。市場由顧客所組成，任何企業對顧客都有存在的價值，這個價值決定了顧客的期望。當顧客的期望能夠得到充分的滿足，他們自然會對你的產品情有獨鍾。今日企業要保持盈餘的不二法門就是保住現有顧客。

Tips

根據「20-80定律」，對於一個企業而言，贏得一個新客戶所要花費的成本，幾乎就是維持一個舊客戶的五倍，留得越久的顧客，帶來越多的利益。小部分的優質顧客提供企業大部分的利潤，也就是80%的銷售額或利潤往往來自於20%的顧客。

由於現代企業已經由傳統功能型組織轉為網路型的組織，顧客關係管理的內涵就是透過網路無所不在的特性，主動掌握客戶動態及市場策略，並利用先進的IT工具來支援企業價值鏈中的「行銷」（Marketing）、「銷售」（Sales）與「服務」（Service）等三種自動化功能，來鎖定銷售目標及擬定最佳的服務策略。

Tips

許多企業往往希望不斷地拓展市場，經常把焦點放在吸收新顧客上，卻忽略了手邊原有的舊客戶。如此一來，費盡心思地將新顧客拉進來時，被忽略的舊用戶又從後門悄悄的溜走了，這種現象便造成了所謂的「旋轉門效應」（Revolving-door Effect）。

企業建立健全的顧客關係原來就是從行銷端開始。現代銷售人員的主要責任在於管理大量的顧客關係，並提供顧客在雙方關係裡更多的附加價值，例如吸引消費者加入會員、定期寄送活動簡訊或電子報、紅利點數、購物紀錄等，與建立共同平台與服務專屬的整合專頁，簡化跨部門資源溝通協調時間，並且透過活動開發潛在客戶，進一步分析行銷活動效益，達成顧客最高滿意度與貢獻度的行銷模式，以「關係行銷」（Relationship Marketing）為核心價值，創造出企業長期的高利潤營收，將客戶資源轉化成有形的資產，進而達到更多銷售機會的開創，才是最終的王道。

Tips

「關係行銷」（Relationship Marketing）是一種建構在「彼此有利」為基礎的觀念，強調銷售是關係的開始，而非交易的結束，發展出了解顧客需求而進行顧客服務，以建立並維持與個別顧客的關係，謀求雙方互惠的利益。

3-5-2 CRM的種類

「顧客關係管理」（CRM）系統就是一種業務流程與科技的整合，是隨著網際網路興起，相關技術延伸而生成的一種商業應用系統。目標在有效地從多面向取得顧客的資訊，建立一套資訊化標準模式，運用資訊技術來大量收集且儲存客戶相關資料，加以分析整理出有用資訊，並提供這些資訊用來輔助決策的完整程序。

叡陽資訊是國內顧客關係管理系統的領導廠商

CRM重視與顧客的交流，對企業而言，導入CRM系統可以記錄分析所有的客戶行爲，同時將客戶分類爲不同群組，並藉此行銷與調整企業的相關產品線。無論是供應端的產品供應鏈管理、需求端的客戶需求鏈管理，都應該全面整合包括行銷、業務、客服、電子商務等部門，還應該在服務客戶的機制與流程中，主動了解與檢討客戶滿意的依據，並適時推出滿足客戶個人的商品，進而達成企業獲利的整體目標。

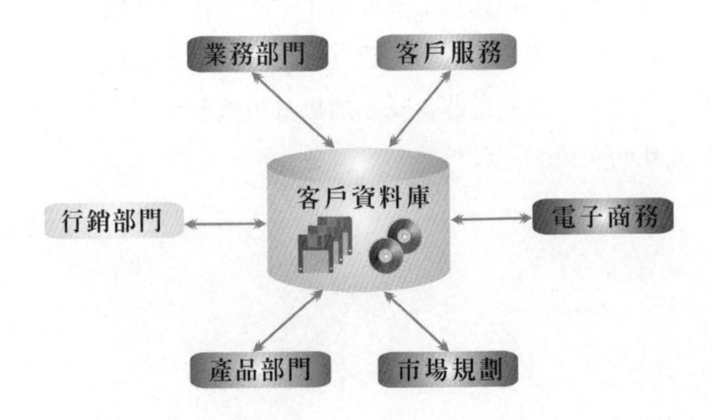

發展已有十多年的CRM系統曾經歷經多次變化，搭配電子商務興起的CRM風潮，是希望透過資訊技術與管理思維，強化與客戶之間的關係。客戶關係管理系統所包含的範圍相當廣泛，就產品所訴求之重點加以區分，可分為操作型（Operational）、分析型（Analytical）和協同型（Collaborative）三大類CRM系統，彼此間還可以透過各項機制整合，讓整體效能發揮到最高，說明如下：

- **操作型CRM系統**：主要是透過作業流程的制定與管理，即運用企業流程的整合與資訊工具，協助企業增進其與客戶接觸各項作業的效率，乃至於供應鏈管理系統等，並以最佳方法取得最佳效果。
- **分析型CRM系統**：收集各種與客戶接觸的資料，要發揮良好的成效則有賴於完善的「資料倉儲」（Data Warehouse），並藉由線上交易處理（OLTP）、「線上分析處理」（OLAP）「與資料探勘」（Data Mining）等技術，經過整理、匯總、轉換、儲存與分析等資料處理過程，幫助企業全面了解客戶的行為、滿意度、需求等資訊，並提供給管理階層作為決策依據。

Tips

「線上交易處理」（On-Line Transaction Processing, OLTP）是指經由網路與資料庫的結合，以線上交易的方式處理一般即時性的作業資料。

「線上分析處理」（Online Analytical Processing, OLAP）可被視為是多維度資料分析工具的集合，使用者在線上即能完成關聯性或多維度資料庫（例如資料倉儲）的資料分析作業，並能即時快速地提供整合性決策。

由於傳統資料庫著重於單一時間的資料處理，在西元1990年由Bill Inmon提出了「資料倉儲」（Data Warehouse）的概念，是屬於整合性資料儲存庫，企業可以透過資料倉儲分析出客戶屬性及行為模式等，以方便未來做出正確的市場反應。

「資料探勘」（Data Mining）是一種近年來被廣泛應用在商業及科學領域的資料分析技術，是整個CRM系統的核心。資料探勘可以從一個大型資料庫所儲存的資料中萃取出有價值的知識，是屬於資料庫知識發掘的一部分，也可看成是一種將資料轉化爲知識的過程。

■ **協同型CRM**：透過一些功能組件與流程的設計，整合了企業與客戶接觸與互動的管道，包含客服中心（Call Center）、網站、E-Mail、社群機制、網路視訊、電子郵件等負責與客戶溝通聯絡的機制，目標是提升企業與客戶的溝通能力，同時強化服務的時效與品質。

3-6 知識管理

「知識」（Knowledge）是將某些相關聯的有意義資訊或主觀結論累積成某種可相信或值得重視的共識，也就是一種有價值的智慧結晶。當知識大規模的參與影響社會經濟活動，就是所謂知識經濟。知識經濟時代的企業經營特徵，主要顯現在知識取代傳統的有形產品，知識是企業最重要的資源，因此「知識管理」（Knowledge Management）將成爲企業管理的核心。

3-6-1 知識管理的種類

「知識管理」就是企業透過正式的途徑獲取各種有用的經驗、知識與專業能力，不僅包含取得與應用知識，以知識與管理爲核心，結合科技、創新、網路競爭力等元素的新經濟模式，也包含企業透過正式途徑收集並分享智慧資產來獲得生產力的突破，使其能創造企業競爭優勢。凡是能有效增進知識資產價值的活動，均屬於知識管理的內容。對於企業來說，知識可區分為「內隱知識」與「外顯知識」兩種：內隱知識存在於個人身上，與員工個人的經驗與技術有關，是比較難以學習與移轉的知識；外顯知識則是存在於組織，比較具體客觀，屬於團體共有的知識，例如已經書面化的製造程序或標準作業規範，相對也容易保存與分享。分別說明如下：

■ 內隱知識

存在於個人身上，源自於個人認知的主觀知識，較無法用文字或句子表達，包括認知技能和透過經驗衍生的技術能力，特別是與員工個人的經驗與技術有關，往往是企業競爭力的重要來源。這是一種難以被記錄、傳遞與散播與移轉的知識，例如醫師長期累積對於疾病的診斷與用藥的知識。

■ 外顯知識

存在於組織中，是一種具備條理及系統化的知識，可以利用文字和數字來表達，屬於企業或團體共有的知識，不論是傳統書面文件、電子化後的檔案，或者是已經書面化的製造程序、電腦程式、專利、圖形、標準作業規範、個案文件或使用手冊等，特性是相對容易保存、複製與分享給他人，而且可以透過正式形式及系統性傳遞的知識。

知識管理的目標在於提升組織的生產力與創新能力，通常當企業內部資訊科技越普及時，越容易推動知識管理。知識管理的重點之一，就是要將企業或個人的內隱知識轉換為外顯知識，因為只有將知識外顯化，才能透過資訊科技與設備儲存起來，以便日後知識的分享與再利用。

不過在實際推動實施知識管理內容時，必須與企業經營績效結合，才能說服企業高層全力支持。例如台積電就是臺灣最早開始導入知識管理的企業，難怪毛利率可以遙遙領先競爭對手約一倍幅度之大。

3-6-2 知識螺旋簡介

知識管理的重點就是著眼於如何將內隱知識有效地在組織的不同層級中傳遞，有效地擴大組織與個人的知識範圍，Nonaka 和 Takeuchi（1995）提出了知識螺旋架構「SECI」模式（Socialization, Externalization, Combination, Internatization），強調知識的創造乃經由內隱與外顯知識互動創造而來，組織本身無法創造知識，內隱知識是組織知識創造的基礎，這個創造過程是一種螺旋過程，有下列四種不同的知識轉換模式，分述如下：

■ 共同化

「共同化」（Socialization）是人與人間的知識分享，指的是組織成員間內隱知識轉換爲內隱知識的過程，例如機車行學徒利用觀察、模仿老師傅而學習到修車的技巧。

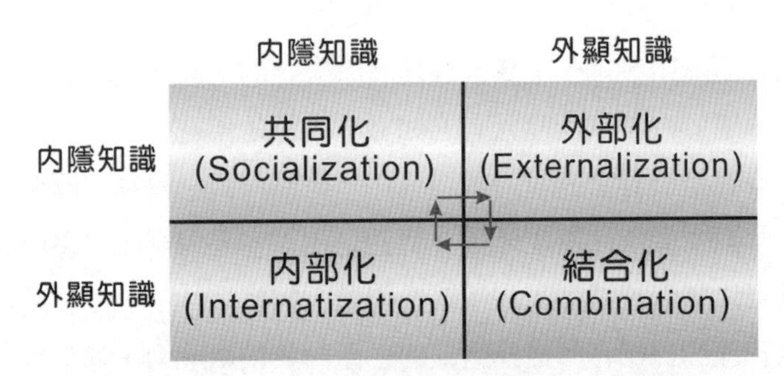

知識創造模式（Nonaka & Takeuchi，1995）

■ 結合化

「結合化」（Combination）是將具體化的外顯知識和現有知識結合，經由分析、分類、分享將外顯知識整合成爲系統化外顯知識來擴大知識的基礎，例如建立資料庫系統來儲存知識，讓知識的轉換和利用更爲方便，個人可以透過文件、會議、電腦網路進行知識的交換與結合。

■ 外部化

「外部化」（Externalization）是透過有意義的溝通或交談，將內隱知識表達爲外顯知識的過程，利用語言或文字表達知識，將意象觀念化，例如程式設計、口頭陳述、文章表現等。

■ 內部化

「內部化」（Internatization）是學習新知識，將外顯知識變成員工自己的內隱知識過程，也就是經由不斷的教育訓練與學習，將外顯知識轉化爲內隱知識的過程。例如企業利用較資深員工的帶領，仿照母雞帶小雞的方式讓新進員工從他們的身上開始學習。

Tips

協同商務被看成是下一代的電子商務模式，美國加特納公司在1999年對協同商務提出的定義爲企業可以利用網際網路的力量整合內部與供應鏈，包括顧客、供應商、配銷商、物流、員工可以分享等相關合作夥伴，擴展到提供整體企業間的商務服務，甚至是加值服務，並達成資訊共用使得企業獲得更大的利潤。

本章習題

1. 請簡單說明「企業再造工程」（Business Reengineering）的意義。
2. 簡述「企業電子化」的定義。
3. 企業實施ERP有哪些優點？

4. ERP系統導入方式有哪三種？
5. 請簡介ERP II系統。
6. 試敘述顧客關係管理系統的目標。
7. 有哪幾種類型的客戶關係管理系統？
8. 請說明供應鏈管理（SCM）。
9. 企業建置資料倉儲的目的為何？
10. 何謂線上分析處理（Online Analytical Processing, OLAP）？
11. 請說明對於企業來說，知識可區分為哪些？
12. 試說明推式供應鏈（Push-based Supply Chain）的優缺點。

 第四章 

行動商務與物聯網

後PC時代來臨後，隨著5G行動寬頻、網路和雲端服務產業的帶動，消費者在網路上的行爲越來越複雜，我們可以在任何時間、地點立即獲得即時新聞、閱讀信件、查詢資訊，甚至進行消費購物等，全面朝向行動化應用領域發展。

Tips

5G（Fifth-Generation）指的是行動電話系統第五代，也是4G之後的延伸，5G智慧型手機已經在2019年上半年正式推出，宣告高速寬頻新時代正式來臨，除了智慧型手機，5G還可以被運用在無人駕駛、智慧城市和遠程醫療領域。而6G是5G下一代的通訊技術，目前許多國家正積極布局，相信在不久後6G就可以正式商轉。

行動App已經成為現代人購物的新管道

「行動商務」（Mobile Commerce, m-Commerce）是電商發展趨勢，網路家庭董事長詹宏志曾經在一場演講中發表他的看法：「越來越多消費者使用行動裝置購物，這件事極可能帶來根本性的轉變，甚至讓電子商務產業一切重來。」

> **Tips**
>
> App是application的縮寫，是軟體開發商針對智慧型手機及平版電腦所開發的一種應用程式，涵蓋的功能包括了日常生活中的各項需求。App市場交易的成功，曾帶動了如憤怒鳥（Angry Bird）這樣的App開發公司爆紅，讓App下載開創了另類的行動商務模式。

4-1 行動商務簡介

現代人人手一機，從電腦螢幕轉移到小螢幕的智慧型手機上購物。這股趨勢越來越明顯，行動商務的使用人數，開始呈現爆發性的成長，所帶來的更是快速到位、互動分享後所產生產品銷售的無限商機。事實上，從「網路優先」（Web First）向「行動優先」（Mobile First）靠攏的數位浪潮上，與所有其他商務平台相比，行動商務的轉換率（Conversation Rate）最高。

> **Tips**
>
> 轉換率（Conversion Rate）就是網路流量轉換成實際訂單的比率，訂單成交次數除以同個時間範圍內帶來訂單的廣告點擊總數。

談到行動商務的定義，簡單來說就是使用者以行動化的終端設備透過行動通訊網路來進行商業交易活動。較狹義的定義為透過行動化網路所進行的一種具有貨幣價值的交易；而廣義的來說，只要是人們透過行動網路來使用的服務與應用，都可以被定義在行動商務的範疇內。

由於行動商務的出現，不僅突破了傳統定點式電子商務受到空間與時間的侷限，而且在競爭日趨激烈的數位時代裡，還能夠大幅提升企業與個人的作業效率。使用者可以透過隨身攜帶的任何行動終端設備，結合無線通訊，無論人在何處，都能夠輕鬆上網，處理各種個人或公司事務，眞正達到「任何時間、地點皆可以完成任何作業」的境界。

Tips

由於行動網路出現，打破了人們原本固有的時間板塊，於是「時間碎片化」成為常態。所謂「碎片化時代」（Fragmentation Era）是代表現代人的生活被很多碎片化的內容所切割，因此想要抓住受眾的眼球越來越難，同樣的品牌接觸消費者的時間越來越短暫，碎片時間搖身成為贏得消費者的黃金時間，電商想在行動、分散、碎片的條件下讓消費者動心，成為今天行動商務的行銷重要課題。

4-1-1 企業行動化

生產力是現今經濟環境中各類型企業最關心的議題，而行動性（Mobility）的增加在生產力提升中占了相當重要的地位。從早期的e化（Electronic）到接下來的I化（Internet），一直到近來的企業M化（Mobile），已經是時代潮流演進的必然結果。越來越多企業視行動上網爲降低成本或提高生產力的利器，因此企業行動化（企業M化）成爲全球專家和業者關注的焦點。M化的基本特性包含了效率、效能與整合，企業M化是e化的延伸，是將企業商務活動行動化，以降低成本、節省時間，提高管理效率。行動商務的願景提供了企業內外管理應用的全新解決方案，包括行動辦公雲、安全防護、行動會議室等服務。企業M化最大的效益，就是透過行動手持裝置來達到流程的改造。無線技術不僅成本低廉，更提供自行調整的自由度，尤其適合搭配持續變遷與擴充的應用環境，進而降低營運成本，並且增加獲利。

4-1-2 行動資訊服務

人手一台手機或平板電腦，這種個人化設備的快速普及也成爲行動商務快速發展的推手，而行動商務最普遍且直接的應用就是行動資訊服務。目前行動商務可提供的個人化行動資訊服務，包括有簡訊收發、電子郵件收發、多媒體下載（如：圖片、動畫、影片、遊戲、音樂等）、資訊查詢（如：新聞氣象、交通狀況、股市資訊、生活情報、地圖查詢等）等。

Tips

QR Code（Quick Response Code）是由日本Denso-Wave公司發明的二維條碼，利用線條與方塊所結合而成的黑白圖紋二維條碼，不但比以前的一維條碼有更大的資料儲存量，除了文字之外，還可以儲存圖片、記號等相關資訊。隨著行動裝置的流行，越來越多企業使用

QR Code來推廣商品。因爲製作成本低且操作簡單，只要利用手機內建的相機鏡頭「拍」一下，馬上就能得到想要的資訊，或是連結到該網址進行內容下載，讓使用者將資料輸入手持裝置的動作變得簡單。

QR Code的使用越來越普遍

例如手機上就可觀看股票行情，投資人不用再擠在一起看盤，能隨時、隨地、即時掌握股票市場的變動。此外，透過「定址服務」功能，能讓消費者在到達某個商業區時，利用GPS定位的功能，判斷目前所在的位址，快速查詢所在位置周邊的商店、場所以及活動等即時資訊，並能適時獲得各種商家所提供的促銷訊息與廣告。

行動購物功能更能讓消費者透過無線上網終端設備執行快速的產品搜尋、比價、利用購物車下單等功能。例如瀏覽商品網站、查詢商品內容與價格資訊、商品特賣消息、線上付款等應用。而透過線上銀行的功能，提供顧客利用手機上網進行餘額查詢、付款、轉帳、繳費（如：稅款、停車費、水電瓦斯費等）等帳戶交易。

行動商務提供隨時隨地上網購物功能

Tips

「全球定位系統」（Global Positioning System, GPS）是透過衛星與地面接收器，達到傳遞方位訊息、計算路程、語音導航與電子地圖等功能，目前有許多汽車與手機都安裝了GPS定位器作為定位與路況查詢之用。

4-1-3 定址服務

「定址服務」（Location Based Service, LBS）或稱為「適地性服務」，就是行動行銷中相當成功的環境感知創新應用，是指透過行動隨身設備的各式感知裝置。對企業商家而言，LBS有著目標客群精準、行銷預算低廉和廣告效果即時的顯著優點，只要消費者的手機在指定時段內進入該商家所在的區域，就會立即收到相關的行銷簡訊，為商家創造額外的營收。

LBS能夠提供符合個別需求及差異化的服務，為人們的生活帶來更多的便利。從許多手機加值服務的消費行為分析，都可以發現地圖、定址與導航資訊是消費者的首選。

圖片來源：LINE官方網站

Tips

任何LINE用戶只要搜尋ID、掃描QR Code或是搖一搖手機，就可以加入喜愛店家的「LINE@」帳號，就是一種LBS的應用。「LINE@」強調互動功能與即時直接回應顧客傳來的問題，像是預約訂位或活動諮詢等，實體店家也可以利用LBS鎖定生活圈5公里的潛在顧客進行廣告行銷。

4-1-4 穿戴式裝置的興起

由於電腦設備的核心技術不斷往輕薄短小與美觀流行等方向發展，因此智慧型「穿戴式裝置」（Wearable Device）近年來如旋風般興起，被認爲是下一世代的新興電子產品，不只是手機，你穿的鞋子、戴的眼鏡、掛的手錶，都可以幫你打點生活，甚至上網交流與購物。購物王牌eBay也已組成新的團隊，將電子商務帶入可穿戴式產品中，以拓展事業版圖。

穿戴式裝置未來的發展重點，主要取決於如何善用可攜式與輕便性，簡單的滑動操控界面和創新功能，發展出吸引消費者的應用。與手機結合的穿戴式裝置也越來越吸引消費者的目光，目前已經運用至時尚、運動、養生和醫療等相關領域。例如能夠戴在手腕上並像智慧型手機一樣執行應用程式的運動錶（Samsung Gear），或者像是「Google X」實驗室研發了能偵測血糖值的智慧隱形眼鏡，可藉由眼淚無痛測量血糖，讓糖尿病患者隨時掌控身體狀況。事實上，穿戴式裝置的未來性，並非裝置本身，特殊之處在於將爲全世界帶來全新的行動商務模式。實際上在倉儲、物流中心等商品運輸領域，早已可見工作人員配戴各類穿戴式裝置協助倉儲相關作業，或者相關行動行銷應用可以同時扮演連結者的角色。未來肯定有更多想像和實踐的可能性，可預期的潛在廣告與行銷收益將大量引爆，目前已有越來越多的知名企業搭上這股穿戴裝置的創新列車。

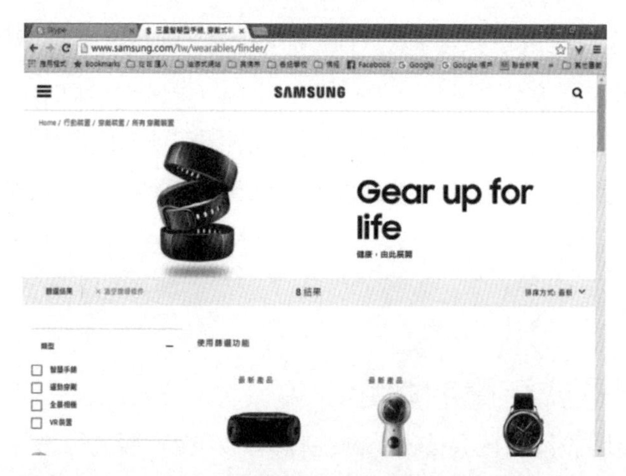

韓國三星大廠推出了許多款時尚實用的穿戴式裝置

4-2 行動裝置線上服務平台

隨著智慧型手機越來越流行，帶動了App的快速發展，當然其他各廠牌的智慧型手機也都如雨後春筍般的推出。由於智慧型手機能夠依照使用者的需求，任意安裝各種應用軟體。為了增加作業系統的附加價值，各家公司都針對其行動裝置作業系統推出了線上服務的平台，提供多樣化的應用軟體、遊戲等，讓消費者在購買其智慧型手機後，能夠方便的下載其所需求的各式服務。

憤怒鳥公司網頁

4-2-1 App Store

App Store是蘋果公司針對旗下使用iOS作業系統的系列產品，如iPod、iPhone、iPAD等，所開創的一個讓網路與手機相融合的新型經營模式，iPhone用戶可透過手機、上網購買或免費試用裡面的軟體，與Android的開放性平台最大不同，App Store上面的各類App，都必須經過蘋果公司工程師的審核，確定沒有問題才允許放上App Store讓使用者下載，也是一種嶄新的行動商務模式。各位只需要在App Store程式中點幾下，就可以輕鬆的更新並且查閱任何軟體的資訊。App Store除了將所販售軟體加以分類，讓使用者方便尋找外，還提供了方便的金流處理方式和軟體下載安裝方式，甚至有軟體評比機制，讓使用者有選購的依據。

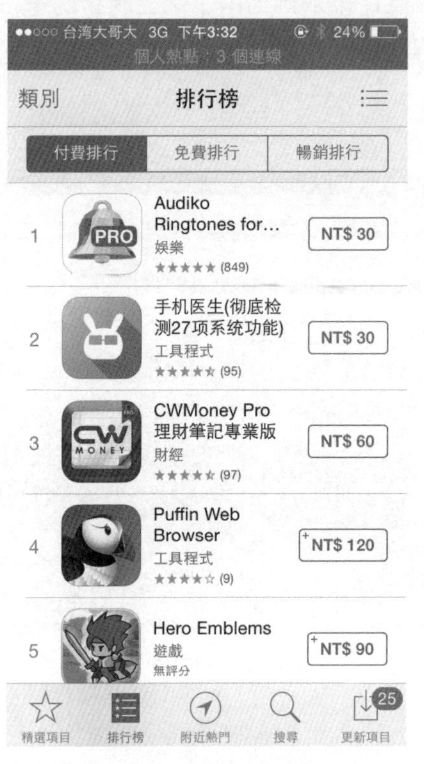

App Store首頁畫面

Tips

目前最當紅的手機iPhone就是使用原名為iPhone OS的iOS智慧型手機嵌入式系統，可用於iPhone、iPod touch、iPad與Apple TV，為一種封閉的系統，並不開放給其他業者使用。而iPhone 15所搭載的iOS 17是一款全面重新構思的作業系統。

4-2-2 Google Play

Google推出針對Android系統的線上應用程式服務平台──Google Play，透過Google Play可以尋找、購買、瀏覽、下載及評級使用免費或付費的App和遊戲，Google Play爲一開放性平台，任何人都可上傳其所發發的應用程式。有鑒於Android平台手機設計的各種優點，可見未來將像今日的PC程式設計一樣普及。

Google Play商店首頁畫面

Tips

Android是Google公布的智慧型手機軟體開發平台，結合了Linux核心的作業系統，可讓使用Android的軟體開發套件。Android擁有的最大優勢，就是跟各項Google服務完美整合，不但能享有Google上的優先服務，也憑藉著開放程式碼優勢，受到手機品牌及電信廠商的支持。Android已成爲許多嵌入式系統的首選。

4-3 行動商務相關基礎建設

隨著新興行動通訊技術與網際網路的高度普及化，加速了無線網路的發展與流行。無線網路可應用的產品範圍相當廣泛，涵蓋資訊、通訊、消費性產品的3C產業，並可與網際網路整合，提供了有線網路無法達到的無線漫遊的服務。各位可以輕鬆在會議室、走道、旅館大廳、餐廳及任何含有熱點（Hotspot）的公共場所，連上網路存取資料。

Tips

所謂「熱點」（Hotspot），是指在公共場所提供無線區域網路（WLAN）服務的連結地點，讓大眾可以使用筆記型電腦或智慧型手機，透過熱點的「無線網路橋接器」（AP）連結上網際網路。無線上網的熱點越多，無線上網的涵蓋區域便越廣。

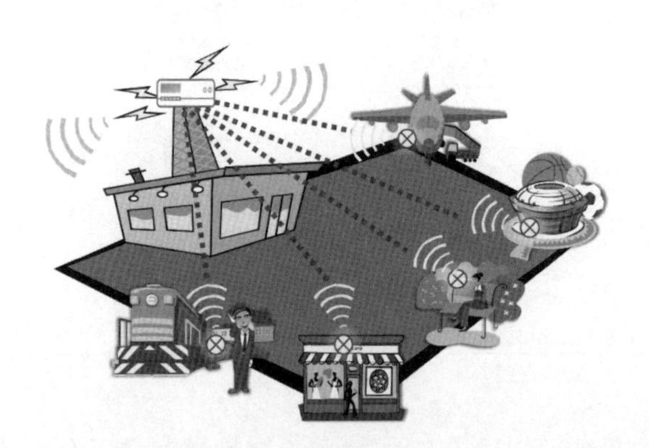

無線網路在現代生活中應用範圍也已相當廣泛，如果依其所涵蓋的地理面積大小來區分，無線網路的種類有「無線廣域網路」（Wireless Wide Area Network, WWAN）、「無線都會網路」（Wireless Metropolitan Area Network, WMAN）、「無線個人網路」（Wireless Personal Area Network,

WPAN）與「無線區域網路」（Wireless Local Area Network, WLAN）。

4-3-1 無線廣域網路

「無線廣域網路」（WWAN）是行動電話及數據服務所使用的數位行動通訊網路（Mobile Data Network），由電信業者所經營，其組成包含有行動電話、無線電、個人通訊服務（Personal Communication Service, PCS）、行動衛星通訊等。以下將爲您介紹常見的行動通訊標準：

■ AMPS

AMPS（Advanced Mobile Phone System, AMPS）系統，是北美第一代行動電話系統，採用類比式訊號傳輸，即是第一代類比式的行動通話系統（1G）。例如早期耳熟能詳的「黑金剛」大哥大，原本090開頭的使用者自動升級爲0910的門號系統。

■ GSM

「全球行動通訊系統」（Global System for Mobile Communications, GSM）是於1990年由歐洲發展出來，故又稱泛歐數位式行動電話系統，即爲第二代行動電話通訊協定。GSM的優點是不易被竊聽與盜拷，可進行國際漫遊，但缺點爲通話易產生回音與品質較不穩定。

■ GPRS

「整合封包無線電服務技術」（General Packet Radio Service, GPRS）屬於2.5G行動通訊標準，GPRS透過「封包交換」（Packet Switch）技術，在資料傳輸的速率上，大爲提升爲171.2Kbps。與GSM相較之下，資料傳輸速率足足多了二十倍的效能。

■ 3G

3G（3rd Generation）就是第3代行動通訊系統，主要目的是透過大幅提升數據資料傳輸速度，比2.5G-GPRS（每秒160Kbps）更具優勢。除了2G時代原有的語音與非語音數據服務，還多了網頁瀏覽、電話會議、電子商務、視訊電話、電視新聞直播等多媒體動態影像傳輸，更重要的是在室內、室外和通訊的環境中能夠分別支援2Mbps（百萬位元組／每秒）、384Kbps（千位元組／每秒）以及144Kbps的傳輸速度。

■ 4G

4G（Fourth-generation）是指行動電話系統的第四代，LTE（Long Term Evolution，長期演進技術）則是以GSM/UMTS的無線通信技術為主來發展，能與GSM服務供應商的網路相容，最快的理論傳輸速度可達170Mbps以上，是全球電信業者發展4G的標準。我國2013年10月通過4G釋照的審核名單，六家業者包括中華電信、台灣大哥大、遠傳電信、亞太電信、頂新集團以及鴻海旗下的國碁電子全數得標。

■ 5G

5G（Fifth-generation）指的是移動電話系統第五代，也是4G之後的延伸，由於大眾對行動數據的需求年年倍增，因此就會需要第五代行動網路技術。現在我們已經習慣用4G頻寬欣賞越來越多串流影片，5G很快就會成為必需品。5G技術是整合多項無線網路技術而來，包括幾乎所有以前幾代移動通信的先進功能。對一般用戶而言，最直接的感覺是5G比4G又更快了、更聰明、更不耗電，使用各種新的無線裝置更方便了。

4-3-2 無線都會網路

無線都會網路（Wireless Metropolitan Area Network, WMAN）是指傳

輸範圍可涵蓋城市或郊區等較大地理區域的無線通訊網路，例如可用來連接距離較遠的地區或大範圍校園。

4-3-3 無線區域網路

無線區域網路（WLAN），特性是高移動性、節省網路成本，並利用無線電波（如窄頻微波、跳頻展頻、HomeRF等）與光傳導（如紅外線與雷射光）作為載波（Carrier）。無線區域網路標準是由「美國電子電機學會」（IEEE），在1990年11月制訂出一個稱為「IEEE802.11」的無線區域網路通訊標準，採用2.4GHz的頻段，資料傳輸速度可達11Mbps。無線網路802.11X是一項可提供隨時上網功能的突破性技術，創造了一個無疆界的高速網路世界。您只要在可攜式電腦上插入一片無線區域網路卡，搭配存取點（Access Point, AP），就可在辦公大樓內部四處走動，且持續保持與企業內部網路和網際網路的順暢連線。

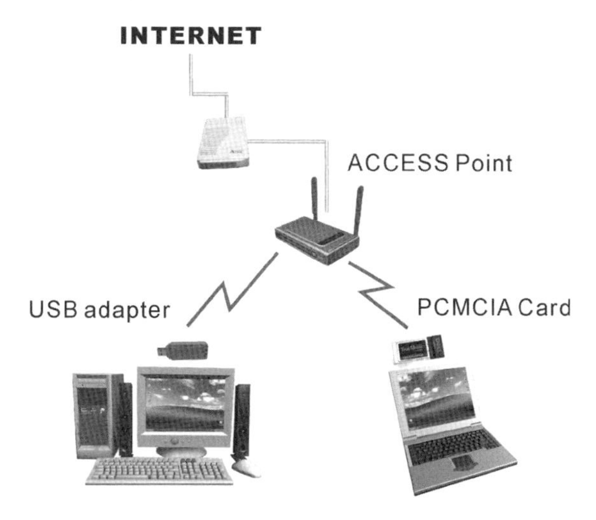

無線區域網路連線示意圖

一般來說，窄頻微波與紅外線在WLAN較少人使用，至於最廣爲流行的展頻技術，在無線區域網路的應用則是依照「FCC」（Federal Communications Committee，即美國聯邦通訊委員會）所規範的「ISM」（Industrial, Scientific, Medical），它所開放的頻率範圍爲902M～928MHz及2.4G～2.484GHz兩個頻帶。

接下來將爲您介紹常見的無線區域網路通訊標準：

■ 802.11b

802.11b是利用802.11架構來作爲一個延伸的版本，所採用的展頻技術是採用「高速直接序列」，頻帶爲2.4GHz，最大可傳輸頻寬爲11Mbps，傳輸距離約100公尺，是目前相當普遍的標準。在802.11b的規範中，設備系統必須支援自動降低傳輸速率的功能，以便可以和直接序列的產品相容。另外爲了避免干擾情形的發生，在IEEE 802.11b的規範中，頻道的使用最好能夠相隔25MHz以上。

■ 802.11a

802.11a是採用一種多載波調變技術，稱爲OFDM（Orthogonal Frequency Division Multiplexing，正交分頻多工技術），並使用5GHz ISM波段。最大傳輸速率可達54Mbps，傳輸距離約50公尺。雖擁有比802.11b較高的傳輸，但不相容與價格較高，尙未被市場廣泛接受。

> **Tips**
>
> 正交分頻多工技術（OFDM）是一種高效率的多載波數位調製技術，可將使用的頻寬劃分爲多個狹窄的頻帶或子頻道，資料就可以在這些平行的子頻道上同步傳輸。

■ 802.11g

在無線區域網路的標準中，802.11a與802.11b是兩種互不相容的架構。這讓網路設備製造商無法確定哪一種規格才是未來發展方向，因此最後又發展出802.11g的標準。802.11g標準結合了目前現有802.11a與802.11b標準的精華，在2.4G頻段使用OFDM調製技術，使數據傳輸速率最高提升到54Mbps的傳輸速率，並且保證不會再出現互不相容的情形。由於802.11b的Wi-Fi系統向後相容，又擁有802.11a的高傳輸速率，802.11g使得原有無線區域網路系統可以向高速無線區域網延伸，同時延長了802.11b產品的使用壽命。

■ 802.11n

IEEE 802.11n是一項新的無線網路技術，也是無線區域網路技術發展的重要分水嶺，它使用2.4GHz與5GHz雙頻段，所以與802.11a、802.11b、802.11g皆可相容，雖然基本技術仍是Wi-Fi標準，但是又利用包括「多重輸入與多重輸出技術」（Multiple Input Multiple Output, MIMO）與「通道匯整技術」（Channel Binding）等，不但提供了可媲美有線乙太網的性能與更快的數據傳輸速率，網路的覆蓋範圍更爲寬廣。尤其在未來數位家庭環境中，將大量以無線傳輸取代有線連接，802.11n資料傳輸速度估計將達540Mbit/s，此項新標準要比802.11b快上五十倍，而比802.11g快上十倍左右。

■ 802.11ac

802.11ac俗稱第5代Wi-Fi（5th Generation of Wi-Fi），第一個草案（Draft 1.0）發表於2011年11月，是指它運作於5GHz頻率，也就是透過5GHz頻帶進行通訊，追求更高傳輸速率的改善，並且支援最高160MHz的頻寬，傳輸速率最高可達6.93Gbps，比起第四代802.11n技術在速度上將提高很多，並與802.11n相容，算是它的後繼者，在最理想情況下可以達到驚人的6.93Gbps，如果在考慮到線路及雜訊干擾等情況下，實際傳輸速度仍可達到與有線網路相比擬的Gbps等級高速，進而創造出更多無線應用。

4-4 無線個人網路

無線個人網路（WPAN），通常是指在個人數位裝置間做短距離訊號傳輸，通常不超過10公尺，並以IEEE 802.15為標準。通訊範圍通常為數十公尺，目前通用的技術主要有：藍牙、紅外線、ZigBee、RFID、NFC等。最常見的無線個人網路（WPAN）應用就是紅外線傳輸，目前幾乎所有筆記型電腦都已經將紅外線網路（Infrared Data Association, IrDA）作為標準配備。

4-4-1 藍牙技術

「藍牙技術」（Bluetooth）最早是由「易利信」公司於1994年發展出來，接著易利信、Nokia、IBM、Toshiba、Intel等知名廠商，共同創立一個名為「藍牙技術聯盟」（Bluetooth Special Interest Group, Bluetooth SIG）的組織，大力推廣藍牙技術，並且在1998年推出了「Bluetooth 1.0」標準。可以讓個人電腦、筆記型電腦、行動電話、印表機、掃描器、數位相機等數位產品之間進行短距離的無線資料傳輸。

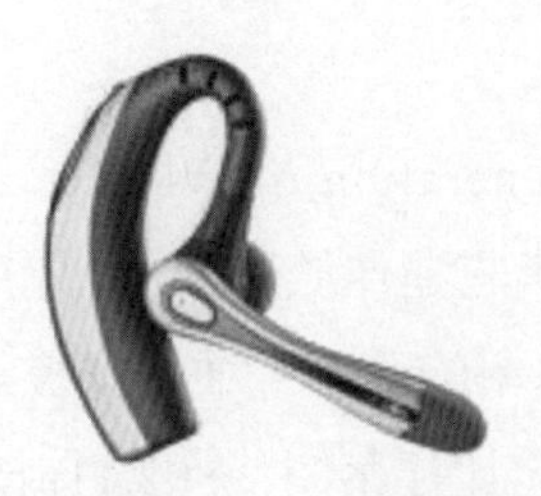

造型特殊的藍牙耳機

藍牙技術主要支援「點對點」（Point-to-point）及「點對多點」（Point-to-multi Points）的連結方式，它使用2.4GHz頻帶，目前傳輸距離大約有10公尺，每秒傳輸速度約為1Mbps，預估未來可達12Mbps。藍牙已經有一定的市占率，也是目前最有優勢的無線通訊標準，未來很有機會成為物聯網時代的無線通訊標準。

Tips

Beacon是種低功耗藍牙技術（Bluetooth Low Energy, BLE），藉由室內定位技術應用，可作為物聯網和大數據平台的小型串接裝置，具有主動推播行銷應用特性，比GPS具有更精準的微定位功能，可包括在室內導航、行動支付、百貨導覽、人流分析，及物品追蹤等近接感知應用。隨著支援藍牙4.0 BLE的手機、平板裝置越來越多，利用Beacon的功能，能幫零售業者做到更深入的行動行銷服務。

4-4-2 ZigBee

ZigBee是一種低速短距離傳輸的無線網路協定，是由非營利性ZigBee聯盟（ZigBee Alliance）制定的無線通信標準。ZigBee工作頻率為868MHz、915MHz或2.4GHz，主要是採用2.4GHz的ISM頻段，傳輸速率介於20Kbps～250Kbps之間，每個設備都能夠同時支援大量網路節點，並且具有低耗電、彈性傳輸距離、支援多種網路拓撲、安全及最低成本等優點，成為各業界共同通用的低速短距無線通訊技術之一，可應用於無線感測網路（WSN）、工業控制、家電自動化控制、醫療照護等領域。

4-4-3 HomeRF

HomeRF也是短距離無線傳輸技術的一種。HomeRF（Home Radio Frequency）技術是由「國際電信協會」（International Telecommunication Union, ITU）所發起，它提供了一個較不昂貴，並且可以同時支援語音與資料傳輸的家庭式網路，也是針對未來消費性電子產品數據及語音通訊的需求，所制訂的無線傳輸標準。設計的目的主要是爲了讓家用電器設備之間能夠進行語音和資料的傳輸，並且能夠與「公用交換電話網路」（Public Switched Telephone Network，簡稱PSTN）和網際網路各種進行各種互動式操作。工作於2.4GHz頻帶上，並採用數位跳頻的展頻技術，最大傳輸速率可達2Mbps，有效傳輸距離50公尺。

4-4-4 RFID

相信各位都有在超級市場瘋狂購物後，必須帶著滿車的貨品等在收銀臺前，耐心等候收銀員慢慢掃描每件貨品條碼的經驗，這些不僅造成結帳人力負荷沉重，也會讓消費者高度困擾。不過這些困難都可以透過現在流行的RFID技術來解決。無線射頻辨識技術（Radio Frequency Identifica-

悠遊卡是RFID的應用

tion, RFID），就是一種非接觸式自動識別系統，可以利用射頻訊號以無線方式傳送及接收數據資料。RFID是一種內建無線電技術的晶片，主要包括詢答器（Transponder）與讀取機（Reader）兩種裝置。

一般在所出售的物品貼上晶片標籤，每個標籤都會發射出獨特的ID碼，提供充足的產品資訊，並透過晶片中的讀卡機系統來偵測，然後讀出標籤中所存的資料，送到後端的資料庫系統來提供資訊查詢或物品辨別的功能。目前已有越來越多的企業開始使用RFID技術，未來在RFID與手機整合的技術更加成熟後，將可為消費者帶來更便利的行動生活，讓資訊與商品的取得更具即時性與互動性。例如台北市民所使用的悠遊卡，或者是家中寵物所植入的晶片、醫療院所應用在病患感測及居家照護、航空包裹及行李的識別、出入的門禁管制等，甚至於目前十分流行的物聯網，RFID技術都在其中扮演重要的角色。

4-4-5 NFC

NFC（Near Field Communication，近場通訊）是由Philips、Nokia與Sony共同研發的一種短距離非接觸式通訊技術，又稱「近距離無線通訊」，最簡單的應用是只要讓兩個NFC裝置相互靠近，就可開始啓動NFC功能，接著迅速將內容分享給其他相容於NFC行動裝置。

RFID與NFC都是新興的短距離無線通訊技術，RFID是一種較長距離的射頻識別技術，主打射頻辨識，可應用在物品的辨識上。NFC則是一種較短距離的高頻無線通訊技術，屬於非接觸式點對點資料傳輸，可應用在行動裝置市場，以13.56MHz頻率範圍運作，一般操作距離可達10～20公分，資料交換速率可達424kb/s，因此成為行動交易、服務接收工具的最佳解決方案。例如下載音樂、影片、圖片互傳、購買物品、交換名片、下載折價券和交換通訊錄等。

NFC未來已經是一個全球快速發展的趨勢，事實上，手機將是現代人包含通訊、娛樂、攝影及導航等多重用途的實用工具，結合了NFC功能，只要一機在手就能夠實現多卡合一的服務功能，輕鬆享受乘車購物的便利生活。

4-5 物聯網

現代人的生活正逐漸進入一個「始終連接」（Always Connect）網路的世代，物聯網的快速成長，快速帶動不同產業發展，除了資料與數據收集分析外，也可以回饋進行各種控制，這對於未來電子商務的便利性將有極大的影響。物聯網（Internet of Things, IOT）是近年資訊產業中一個非常熱門的議題，被認爲是網際網路興起後足以改變世界的第三次資訊新浪潮。它的特性是將各種具裝置感測設備的物品，例如RFID、環境感測器、全球定位系統（GPS）雷射掃描器等裝置與網際網路結合起來而形成的一個巨大網路系統，並透過網路技術讓各種實體物件、自動化裝置彼此溝通和交換資訊。

物聯網這項新興的技術並不是單單在討論一項科技，而是在談論怎麼改變人類的生活方式。近幾年隨著全球各大廠的積極投入，世界各地的物聯網應用已經越來越多，不僅觸及各領域，也有許多深化的應用。在這個網路中，物品能夠彼此直接進行交流，無需任何人爲操控，提供了智慧化遠程控制的識別與管理。物聯網把新一代IT技術充分運用在各行各業之中，牽涉到的軟體、硬體之間的整合層面十分廣泛，可以包括如醫療照護、公共安全、環境保護、政府工作、平安家居、空氣汙染監測、土石流監測等領域。

國內最具競爭力的台積電公司把物聯網視為未來發展重心

台積電董事長張忠謀曾經於2014年時出席台灣半導體產業協會年會（TSIA），明確指出：「下一個big thing爲物聯網，將是未來五到十年內，成長最快速的產業，要好好掌握住機會。」他認爲物聯網是個非常大的構想，不僅限於地上的、可穿戴的、量體溫血壓的，很多東西都能與物聯網連結。對半導體來說，將會是下一個重要的市場。

4-5-1 物聯網的架構

物聯網設備通常是由嵌入式系統組成，結合了感測器、軟體和其他技術的互連設備，能夠通知使用者或者自動化動作，最終目標是在任何時間、任何地點、任何人與物都可自由互動。以物聯網的運作機制實際用途來看，在概念上可分成三層架構，由底層至上層分別爲感知層、網路層與應用層，這三層各司其職，同時又息息相關：

- **感知層**：感知層主要是作爲識別、感測與控制物聯網末端物體的各種狀態，感測裝置爲物聯網底層的基礎元素，對不同的場景進行感知與監控，主要可分爲感測技術與辨識技術，例如RFID、ZigBee、藍牙4.0與Wi-Fi等，包括使用各式有線或是無線感測器及如何建構感測網路，然後再透過感測網路將資訊蒐集並傳遞至網路層。

■ **網路層**：利用現有無線或是有線網路來有效地傳送收集到的數據傳遞至應用層，使物聯網可以同時傳遞與呈現更多異質性的資訊，並將感知層收集到的資料傳輸至雲端，建構無線通訊網路。

■ **應用層**：最後一層應用層則是因應不同的業務需求建置的應用系統，包括結合各種資料分析技術，來回饋並控制感應器或是控制器的調節等，以及子系統重新整合，滿足物聯網與不同行業間的專業進行技術融合，找出每筆資訊的定位與意義，促成物聯網五花八門的應用服務。透過應用層當中集中化的運算資源進行處置，涵蓋的應用領域從環境監測、無線感測網路（Wireless Sensor Network, WSN）、能源管理、醫療照護（Health Care）、家庭控制與自動化與智慧電網（Smart Grid）等。

4-5-2 物聯網與行動商務

物聯網（IoT）與快速成長的行動商務領域結合，已經找到它的利基市場並開始獲利。網路科技逐漸延伸到生活中的各種電子產品上，業者端出越來越多的解決方案，物聯網概念爲全球消費市場帶來新的衝擊，例如物聯網提供了遠距醫療系統發展的基礎技術，醫療裝置可自動追蹤患者的生命跡象以及發現有否遵從疾病治療情況。長期以來，降低慢性病患者醫療併發症的風險一直是醫療服務供應商面臨的巨大挑戰；當有患者生病時，透過智慧型手機或特定終端測量設備，對於各種發病症狀，醫院的系統中會自動進行比對與分析，提出初步解決方案以避免病症加重。也可以藉由簡單、持續性的健康監測，記錄在傳統問診短暫時間內無法察覺的疾病與機能退化徵兆。

物聯網是一個技術革命，由於物聯網的核心和基礎仍然是網際網路，物聯網的功能延伸和擴展到物品與物品之間，進行資訊或資源的交換。根據市場產業研究指出，2022年物聯網全球市場價值3兆美元，代表著未來資訊技術在運算與溝通上的演進趨勢。在這個龐大且快速成長的網路演進過程中，物件與其他物件彼此直接進行交流，無需任何人爲操控，物聯網可蒐集到更豐富的資料，因此可直接提供智慧化識別與管理。

「智慧家電」（Information Appliance）是從電腦、通訊、消費性電子產品3C領域匯集而來，也就是電腦與通訊的互相結合，未來將從符合人性智慧化操控，能夠讓智慧家電自主學習，並且結合雲端應用的發展。各位只要在家透過智慧電視就可以上網隨選隨看影視節目，或是登入社交網路即時分享觀看的電視節目和心得。

透過手機就可以遠端搖控家中的智慧家電

圖片來源：http://3c.appledaily.com.tw/article/household/20151117/733918

智慧型手機成了促成智慧家電發展的入門監控及遙控裝置，還可以將複雜的多個動作簡化為一個單純的按按鈕、揮手動作，所有家電都會整合在智慧型家庭網路內，可以利用智慧手機App，提供更爲個人化的操控，甚至更進一步做到能源管理。例如家用洗衣機也可以直接連上網路，從手機App中進行設定，只要把髒衣服通通丟進洗衣槽，就會自動偵測重量以及材質，協助判斷該用多少注水量、轉速需要多快；甚至用LINE和家電系統連線，馬上就知道現在冰箱庫存，就連人在國外，手機也能隔空遙控家電，輕鬆又省事；此外，家中音響連上網，結合音樂串流平台，也能即時了解使用者聆聽習慣，推薦適合的音樂及行動商務廣告。

掃地機器人是目前最夯的智慧家電

4-6 行動支付的熱潮

行動時代已經正式來臨了，根據各項數據都顯示消費者已經習慣使用手機來處理生活中的大小事情，甚在包括了購物與付款。所謂「行動支付」（Mobile Payment），就是指消費者透過手持式行動裝置對所消費的商品或服務進行帳務支付的一種支付方式。自從金管會宣布開放金融機構申請辦理手機信用卡業務開始，正式宣告引爆全台「行動支付」的商機熱潮，成功地將各位手上的手機與錢包整合，眞正出門不用帶錢包的時代來臨！就消費者而言，可以直接用手機刷卡、轉帳、優惠券使用，甚至用來搭乘交通工具，臺灣開始進入行動支付時代。對於行動支付解決方案，目前主要是以「NFC行動支付」、「條碼支付」與「QR Code支付」三種方式爲主。

4-6-1 NFC行動支付

NFC可在各位的手機與其他NFC裝置之間傳輸資訊。至於NFC最近會成爲市場熱門話題，主要是因爲其在行動支付中扮演重要的角色，NFC手機進行消費與支付已經是一個全球發展的趨勢。對於行動支付來說，只要您的手機具備NFC傳輸功能，就能向電信公司申請NFC信用卡專屬的SIM卡，再將NFC行動信用卡下載於您的數位錢包中，購物時透過手機感應刷卡，輕輕一嗶，結帳快速又安全。例如中華電信與悠遊卡公司聯名合作推出「Easy Hami」錢包App，只要具有中華電信門號之NFC SIM卡，即可透過Easy Hami手機錢包開啓悠遊電信卡功能，還可提供選擇不同優惠功能的卡片消費，輕鬆掌握一機多卡的便利性。

中華電信的NFC行動支付方案

Tips

Apple Pay是Apple的一種手機信用卡付款方式，只要使用該公司推出的iPhone或Apple Watch（iOS 9以上）相容的行動裝置，並將信用卡卡號輸入iPhone中的Wallet App，經過驗證手續完畢後，就可以使用Apple Pay來購物，還比傳統信用卡來得安全。

4-6-2 QR Code支付

在這QR Code被廣泛應用的時代，未來商品也將透過QR Code結合行動支付應用。例如玉山銀與中國騰訊集團的「財付通」合作推出QR Code行動付款，陸客來台觀光時滑手機也能買臺灣貨，只要下載QR Code的免費App，並完成身分認證與鍵入信用卡號後，此後不論使用任何廠牌的智慧型手機，就可在特約商店以QR Code App掃描讀取臺灣商品的方式再完成交易付款，也能人民幣直接付款，貨物直送大陸，開啓結合兩岸的行動支付與行動商務的交易模式，達到了「一機在手，即拍即付」的便利性。

南韓特易購（Tesco）的虛擬商店與三星合作，在地鐵內裝置了多面虛擬商店數位牆，當通勤族等車瀏覽架上商品時，只要利用他們的手機掃描選定商品下面的QR Code，就可以邊等車、邊購物，等宅配送貨到府即可。華信航空也推出手機購票功能，只要掃描海報上的QR Code就可以直接購買華信航空機票，旅客在完成購票訂位後，立即會收到一封確認簡訊，如班機有任何異動也可以簡訊通知。

4-6-3 條碼支付

條碼支付近來也在世界各地掀起一陣旋風，各位不需要額外申請手機信用卡，同時支援Android系統、iOS系統，也不需額外申請SIM卡，免綁定電信業者，只要下載App後，以手機號碼或Email註冊，接著綁定手邊信用卡或是現金儲值，手機出示付款條碼給店員掃描，即可完成付款。條碼行動支付現在最廣泛被用在便利商店，不僅可接受現金、電子票證、信用卡，還與多家行動支付業者合作，目前有「GOMAJI」、「歐付寶」、「Pi行動錢包」、「街口支付」、「LINE Pay」及甫上線的「YAHOO超好付」等6款手機支付軟體。例如LINE Pay主要以網路店家爲主，將近200個品牌都可以支付，而PChome Online（網路家庭）旗下的行動支付軟體「Pi行動錢包」，與臺灣最大零售商7-11與中國信託銀行合作，可以利用「Pi行動錢包」在全台7-11完成行動支付，也可以用來支付台北市和宜蘭縣停車費。

Pi行動錢包，讓你輕鬆拍安心付

本章習題

1. 請說明行動商務的定義。
2. 何謂App？試簡述之。
3. 什麼是App Store？
4. 試簡單說明QR碼（Quick Response Code）。
5. 請問近場通訊（Near Field Communication, NFC）的功用為何？試簡述之。
6. 何謂無線射頻辨識技術（Radio Frequency Identification, RFID）？
7. 如何申請NFC手機信用卡？試簡述之。
8. 何謂行動支付（Mobile Payment）？

第五章

社群商務與行銷

社群已經成爲二十一世紀的主流媒體，從資料蒐集到消費，人們透過這些社群作爲全新的溝通方式。由於這些網路服務具有互動性，可以透過社群力量讓大家在共同平台上，彼此快速溝通與交流，將想要行銷品牌的最好面向展現出來。例如臉書（Facebook）在2017年時全球使用人數已突破20億，臉書的出現令民眾生活形態有不少改變，在臺灣更有爆炸性成長，打卡（在臉書上標示所到之處的地理位置）是普遍流行的現象，臺灣人喜歡隨時隨地透過臉書打卡與分享照片，是國人最愛用的社群網站，學生、上班族、家庭主婦都爲之瘋狂。

開心水族箱

Candy Crush Soda Saga

臉書社群上所提供的好玩小遊戲

5-1 認識社群

「網路社群」或稱「虛擬社群」（Virtual Community或Internet Community）是網路獨有的生態，可聚集有共同話題、興趣及嗜好的社群網友及特定族群，達到交換意見的效果。網路社群的觀念可從早期的BBS、論壇、一直到近期的部落格、噗浪、微博或者Facebook。由於這些網路服務具有互動性，因此能夠讓網友在一個平台上，彼此溝通與交流。網路傳遞的主控權已快速移轉到網友手上，以往免費經營的社群網站也成爲最受矚目的集客網站，帶來無窮的商機。

微博是目前中國最流行的社群網站

Tips

「微博客」或「微型博客」是一種允許用戶即時更新簡短文字，在中國大陸常常使用其簡稱「微博」，在這些微博服務之中，新浪微博和騰訊微博是訪問量最大的兩個微博網站。新浪微博是由大陸的新浪公司所開發的網站，特別是90後年輕用戶在新浪微博中占據相當比例，新浪微博占據中國微博用戶一半以上的用戶量，提供第一手娛樂、時尚、旅遊、趣聞等各類微博話題，以及國內外最新流行資訊。

5-1-1 六度分隔理論

整個社群所帶來的價值就是每個連結創造出個別價值的總和，進而形成連接全世界的社群網路。「社群網路服務」（Social Networking Service, SNS）就是Web體系下的一個技術應用架構，是基於哈佛大學心理學教授米爾格蘭（Stanely Milgram）所提出的「六度分隔理論」（Six Degrees of Separation）運作。這個理論主要是說在人際網路中，要結識任何一位陌生的朋友，中間最多只要通過6個朋友就可以。從內涵上講，就是社會型網路社區，即社群關係的網路化。通常SNS網站都會提供許多方式讓使用者進行互動，包括聊天、寄信、影音、分享檔案、參加討論群組等。例如像Facebook類型的SNS網路社群就是六度分隔理論的最好證明。

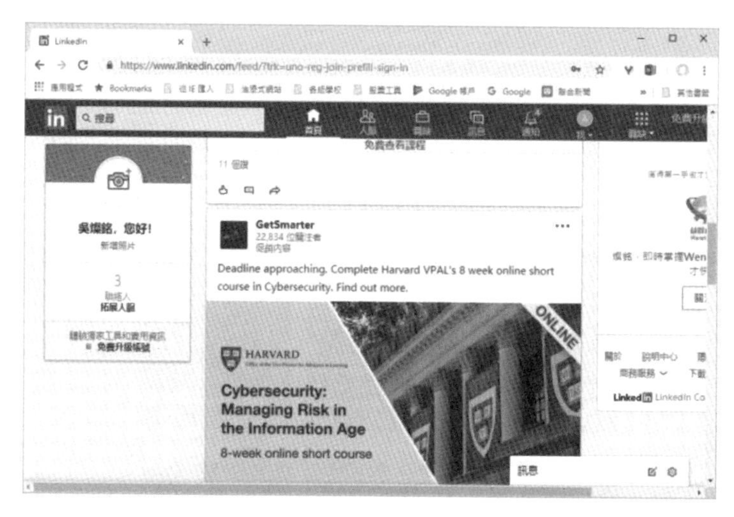

LinkedIn是全球最大專業人士社群網站

Tips

美國職業社交網站「LinkedIn」是專業人士跨國求職的重要利器，由於定位明確確實吸引不少商業人士來此交流，比起臉書或Instagram，LinkedIn這類典型的商業型社交服務網站走的是更職業化的服務方向。任何想找工作的人，都可以在LinkedIn發布個人簡歷，時常會有許多世界各地工作機會主動上門，能將履歷互相連接成人脈網路，就如同一個職場版的Facebook。

美國影星威爾史密斯曾演過一部電影《六度分隔》，劇情是描述威爾史密斯爲了想要實踐六度分隔的理論而去偷了朋友的電話簿，並進行冒充的舉動。簡單來說，這個世界事實上是緊密相連著的，只是人們察覺不出來，地球就像6人小世界，假如你想認識美國總統歐巴馬，只要找到正確的人在6個人之間就能得到連結。隨著全球網路化與資訊的普及，我們可以預測這個數字還會不斷下降，根據最近Facebook與米蘭大學所做的一個研究，六度分隔理論已經走入歷史，現在是「四度分隔理論」了。

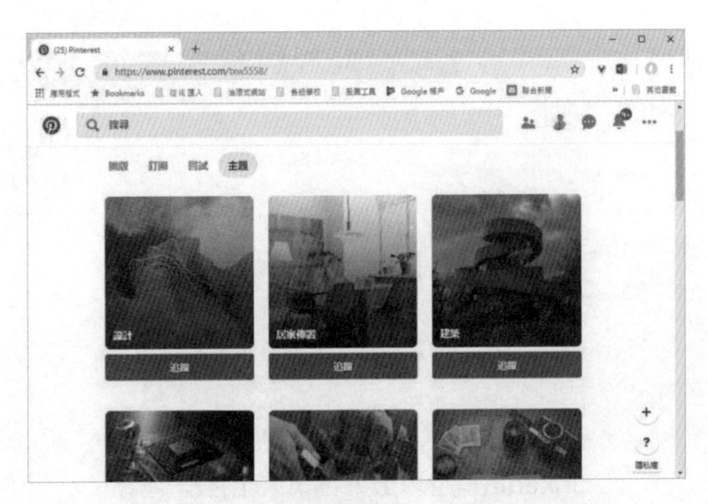

Pinterest在社群行銷導購上成效都十分亮眼

Tips

「Pinterest」的名字由「Pin」和「Interest」組成，是接觸女性用戶最高CP值的社群平台，算是個強烈以興趣爲取向的社群平台，擁有豐富的飲食、時尚、美容的最新訊息，是一個圖片分享類的社群網站，無論是購物還是資訊，大多數用戶會利用Pinterest直接找尋他們所想要的資訊。

5-1-2 社群商務與粉絲經濟

近年來隨著電子商務的快速發展與崛起，也興起了社群商務的模式。由於社群網路服務更具有互動性，電商網站勢必要往社群發展，才能加強黏著性，創造更多營收；還可以透過社群力量，把行銷內容與訊息擴散給更多人看到，讓大家在共同平台上彼此快速溝通、交流與進行交易。

各位平時有沒有一種經驗，心中突然浮現出購買某種商品的慾望，你對商品不熟，就會不自覺打開臉書、IG或搜尋各式網路平台，尋求網友對這項商品的使用心得，比起一般傳統廣告，現在的消費者更相信朋友的介紹或是網友的討論。根據國外最新的統計，88%的消費者會被社群其他消費者的意見或評論所影響，表示C2C（消費者影響消費者）模式的力量越來越大，已經深深影響大多數重度網路者的購買決策，這就是社群口碑的力量，藉由這股勢力，漸漸的發展出另一種商務形式「社群商務（Social Commerce）」。

隨著社群商務的崛起、推薦分享力量的日益擴大，粉絲經濟也算一種新的社群經濟形態。透過交流、推薦、分享、互動，最後產生購買行爲所產生的商務模式，也就是泛指架構在粉絲（Fans）和被關注者關係之上的經營性創新行爲。品牌和粉絲就像一對戀人，在這個時代必須做好粉絲經營，要知道粉絲到社群是來分享心情，而不是來看廣告，現在的消費者早已厭倦了老舊的強力推銷手法，唯有仔細傾聽彼此需求，關係才能走得長遠。

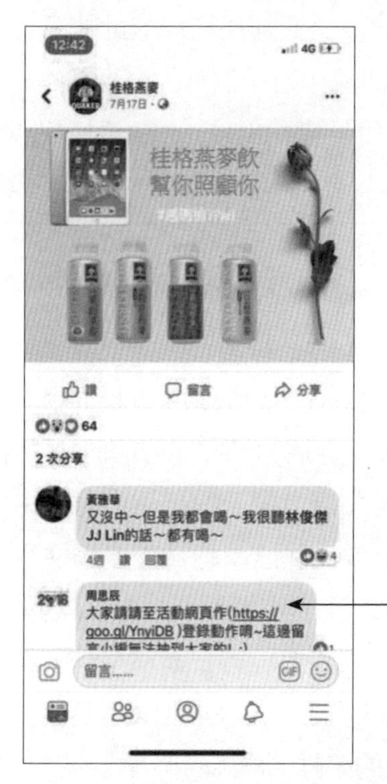

用心回覆訪客貼文是提升商品信賴感的方式之一

桂格燕麥粉絲專頁經營就相當成功

例如隨著「金融科技」（FinTech）熱潮席捲全球，「P2P網路借貸」（Peer-to-Peer Lending）就是一個以社群平台作為中介業務的經濟模式，和傳統借貸不同，特色是個體對個體的直接借貸行為，如此一來金錢的流動就不需要透過傳統的銀行機構。主要是個人信用貸款，網路成為交易行為的中介，這個平台會透過網路大數據，提供借貸雙方彼此的信用評估資料，去除銀行中介角色，讓雙方能在平台上自由媒合。雙方包括自然人以及法人，而且只有借貸雙方會牽涉到金流，平台只會提供媒合服務。因為免去了利差，通常可讓信貸利率更低，貸款人就可以享有較低利率，放款的投資人也能更靈活地運用閒置資金，享有較高之投資報酬。

臺灣第一家P2P借貸公司「鄉民貸」

Tips

金融科技（Financial Technology, FinTech）是指一群企業運用科技手段來讓各式各樣的金融服務變得更有效率，簡單來說，現代金融科技引發了許多破壞式創新，都是這個趨勢所應運出新服務的角色。

5-2 社群行銷的特性

社群商務眞的有那麼大威力嗎？大陸的小米手機剛推出就賣了數千萬台，更在大陸市場將各大廠商擠下銷售榜。你可能無法想像，小米機幾乎完全靠口碑與社群行銷來擄獲大量消費者而成功，讓所有人都跌破眼鏡。小米機的粉絲，簡稱「米粉」，「米粉」多爲手機社群的意見領袖，小米的用戶不是用手機，而是玩手機，各地的「米粉」都會舉行定期聚會，在線上討論與線下組織活動，分享交流使用小米的心得，社群行銷的核心是參與感，小米機用經營社群，發揮口碑行銷的最大效能。

小米機因為社群行銷而爆紅

網路時代的消費者是流動的，企業要做好社群商務，一定要先善用社群媒體的特性，因爲社群行銷的最終目的不只是追求銷售量與效益，而是重新思維與定位自身的品牌策略。企業也可自行架構專屬的網路行銷社群，就可與顧客直接溝通，並增進產品特色的了解，以提高曝光率與銷售量。隨著近年來社群網站浪潮一波波來襲，社群行銷已不是選擇題，而是企業行銷人員的必修課程，以下我們將爲各位介紹社群商務的四種特點。

5-2-1 購買者與分享者的差異性

網路社群的特性是分享交流，並不是一個可以直接販賣銷售的工具，粉絲到社群來是分享心情，而不是看廣告，成爲你的Facebook粉絲，不代表他們就一定想要被你推銷，必須了解網友的特質是「重人氣」、「喜歡分享」、「相信溝通」，商業性太濃反而容易造成反效果。

社群的最大的價值在於這群人共同建構了人際網路，創造了互動性與影響力強大的平台。任何社群行銷的動作都離不開與人的互動，首先要清楚分享者和購買者間的差異，要做好社群商務，首先就必須要用經營社群的態度，而不是廣告推銷的商業角度。

東京著衣非常懂得利用網路社群來培養網路小資女的歸屬感

5-2-2 品牌建立的重要性

想透過社群的方法做生意，最主要的目標當然是增加品牌的知名度。企業如果重視社群的經營，除了能迅速傳達到消費族群，還能透過消費族群分享到更多的目標族群裡。增加粉絲對品牌的喜愛度，更有利於聚集目標客群並帶動業績成長。經營社群網路需要時間與耐心經營，講究的是互動與對話，有些品牌覺得設了一個Facebook粉絲頁面，三不五時到FB貼貼文，就可以趁機打開知名度，讓品牌能見度大增，這種想法是大錯特錯。

專業行銷人士都知道要建立品牌信任度是多麼困難的一件事，首先要推廣的品牌最好需要某種程度的知名度。透過網路的無遠弗屆以及社群的口碑效應，才能事半功倍，平時就與顧客拉近距離，潛移默化中讓品牌更深入人心。

蘭芝粉絲團成功打造了品牌知名度

蘭芝（LANEIGE）隸屬韓國AMORE PACIFIC集團，主打的是具有韓系特點的保溼商品，蘭芝粉絲團在品牌經營的策略就相當成功，主要目標是培養與顧客的長期關係，務求把它變成一個每天都必須跟客人或潛在客人聯繫與互動的平台，包括每天都會有專人到粉絲頁去維護留言與檢視粉絲的狀況，或是宣傳即時性的活動推廣訊息。

5-2-3 累進式的行銷傳染性

社群行銷本身就是一種內容行銷，過程是創造互動分享的口碑價值。許多人做社群商務，經常只顧著眼前的業績目標，想要一步登天，而忘了社群網路獨特的傳染性功能，那是一種累進式的行銷過程，必須先把品牌訊息置入互動內容中，引起粉絲的興趣，經過一段時間有深度而廣泛的擴散，再藉由人與人之間的信任關係口耳相傳，引發社群的迴響與互動，才能把消費者眞正導引到購買的階段。以下是累進式行銷的4個階段的示意圖：

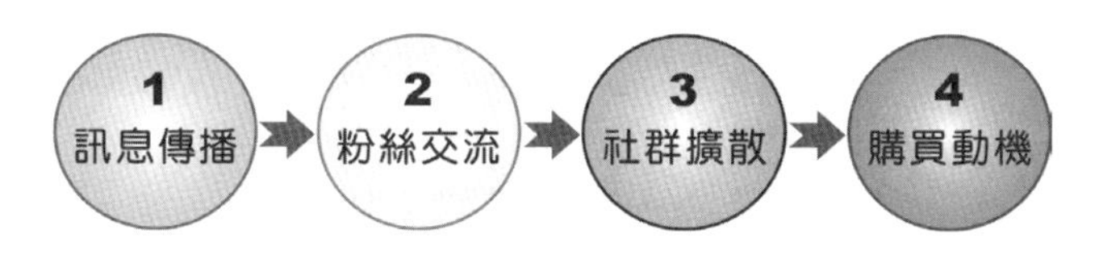

5-2-4 圖片表達的優先性

視覺行銷是近十年來才開始成爲網路消費者導流的重要方式，品牌透過創造屬於品牌風格簡約且吸引人的影像，反而更能輕鬆地將訊息傳遞給粉絲，更爲數位行銷的領域造成了海嘯般的風潮。例如在社群上推廣時圖片的功用超越文字許多，儘量多用照片、圖片與影片，你的貼文馬上就會變得非常吸睛，獲得粉絲瘋狂轉載。懂得透過影片或圖片來說故事，而不只是光靠文字的力量，通常會更令人印象深刻，讚數和留言也比較多。例如臉書上相當知名的iFit愛瘦身粉絲團，創辦人陳韻如小姐主要是分享自己的瘦身經驗，除了將專業的瘦身知識以淺顯短文方式表達，也非常懂得利用照片呈現商品本身的特點和魅力，不論是在產品縮圖和賣場內容中都發揮得淋漓盡致，尤其強調大量圖文整合與自製的可愛插畫，搭上現代人最重視的運動減重的風潮，難怪讓粉絲團大受歡迎。

iFit網上圖文整合非常吸睛

5-3 臉書行銷

Facebook是集客式行銷的大幫手，許多人幾乎每天一睜眼就先上臉書，關注朋友最新動態，不少店家也透過臉書行銷，如餐廳給來店消費打卡者折扣優惠。如果您懂得善用Facebook來進行網路行銷，必定可以用最小的成本，達到最大的行銷效益，但是即使您了解如何利用Facebook的各項工具，如果經驗不足，往往也不一定能達到預期的廣告效果。爲了可以讓Facebook行銷更加成功，除了詢問專業人員的建議外，也可以參考網路上成功的行銷案例。以下將爲各位介紹Facebook中可以運用來行銷商品或理念的重要功能。

5-3-1 定期放送動態消息

不管是電腦版或手機版，首頁是各位在登入臉書時先看到的內容；其中包括「動態消息」以及朋友、粉絲專頁的一連串貼文。位在首頁最上方就是限時動態，下方則是所謂的「塗鴉牆」，一般人可以在自己的塗鴉牆上隨時發表自己的心情。在塗鴉牆上放送消息可以讓朋友得知你的訊息，而這些訊息也能在好友們的近況動態中發現，傳送到朋友圈中，迅速擴散您的行銷商品訊息或特定理念。所以隨時在動態消息中放送最新的資訊，就是增加商品的曝光機會，讓你所有臉書朋友或關注者都有機會看到。

5-3-2 新增限時動態

臉書推出的「限時動態」功能，相當受到年輕世代喜愛，限時動態功能會將所設定的貼文內容於24小時之後自動消失，除非使用者選擇同步將照片或影片發布在動態時報上，不然照片或影片會在限定的時間後自動消除。對於品牌行銷而言，正因爲限時動態是24小時閱後即焚的動態模式，會讓用戶更想常去觀看「即刻分享當下生活與品牌花絮片段」的限時內容。

點選此處後，可輸入文字、拍照、或是從圖庫上傳相片／影片

5-3-3 粉絲專頁簡介

Facebook是目前擁有最多會員人數的社群網站，很多企業品牌透過臉書成立「粉絲團」，將商品的訊息或活動利用臉書快速地散播到朋友圈，再透過社群網站的分享功能擴大到朋友的朋友圈之中。這樣的分享與交流讓企業也重視臉書的經營，透過這樣的分享和交流方式，讓更多人認識和使用商品，除了建立商譽和口碑外，也讓企業以最少的花費得到最大的商業利益，進而帶動商品的業績，所以經營臉書就非得了解「粉絲專頁」不可。

Facebook是集客式行銷的大幫手

Facebook粉絲專頁適合公開性活動，因其就是針對商業活動所設計，因此特別加上了可以設定自己專屬好記的網址。粉絲專頁的特性是任何人在專頁上按「讚」即可加入成為粉絲，同時可以經常在近況動態中，看到自己喜愛的專頁上的消息更新狀況。如果各位是一個組織、企業、名人等官方代表，就可以建立一個專屬的Facebook粉絲專頁。

建立粉絲專頁之前，必須要做足事前的準備，例如需要有粉絲專頁的封面相片、大頭貼照，還需準備粉絲專頁的基本資料，這樣才能讓其他人藉由這些資訊來快速認識粉絲專頁的主角。這裡先將粉絲專頁的版面簡要介紹，以便各位預先準備。

■ 粉絲專頁封面

粉絲專頁封面是進入粉專頁面的第一印象，在電腦螢幕上顯示的尺寸是寬820像素，高312像素，依照此比例放大製作即可被接受。封面主要用來吸引粉絲的注意，所以儘量能在封面上顯示粉絲專頁的產品、促銷、活動等資訊，讓人一看就能一清二楚。

■ 大頭貼照

大頭貼照在電腦螢幕上顯示的尺寸是寬180像素，高180像素，爲正方形的圖形即可使用，粉絲專頁的封面與大頭貼所使用的影像格式可爲JPG或PNG格式。

■ 粉絲專頁基本資料

依照您的粉絲專頁類型，加入的基本資料也會略有不同。盡可能填寫完整資料，這些完整資訊將爲品牌留下好的第一印象，如果能清楚提供這些細節，可以讓粉絲更了解你。

準備好基本資料後，從臉書右上方按下「建立」鈕，下拉選擇「粉絲專頁」指令，就可以開始建立粉絲專頁。由於粉絲專頁的類別包含了「企業或品牌」與「社群或公衆人物」兩大類別，在此選擇「企業或品牌」的類別作爲示範。請在「企業或品牌」下方按下「開始使用」鈕，接著輸入粉絲專頁的「名稱」、「類別」，按「繼續」鈕將進入大頭貼照和封面相片的設定畫面。

在大頭貼照和封面相片部分，請依指示分別按下「上傳大頭貼照」和「上傳封面相片」鈕將檔案開啓。

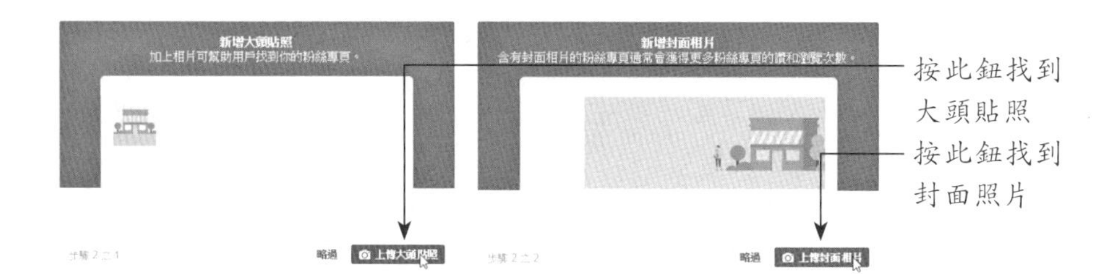

完成如上的設定工作，就可以看到建立完成的粉絲專頁，對於新手來說，Facebook也有提供相關的說明來協助新手經營粉絲專頁，新手們不妨多多參考，如下圖所示：

粉絲專頁的經營代表著企業的經營態度，必須用心管理與照顧才能給予粉絲們信任感。透過粉絲頁與粉絲們互動是用Facebook行銷的主要目的之一，回答粉絲的留言也要將心比心，因爲他們很想知道答案才會發問，所以只要想像自己有疑問時，希望得到什麼樣的回答，就要用同樣的態度回覆留言，這樣的做法會讓讀者感到被尊重，進而提升對公司的好感。

CHAPTER 5

5-3-4 粉絲專頁管理者介面

當你擁有粉絲專頁，當然就要開始進行管理。管理者切換到粉絲專頁時，除了可以在「粉絲專頁」的標籤上看到每一筆的貼文資料，還會在頂端看到「收件匣」、「通知」、「洞察報告」、「發佈工具」等標籤，這是粉絲專頁的管理介面，方便管理員進行專頁的管理。

■ 收件匣

當粉絲們透過聯絡資訊發送訊息給管理者，管理者會在粉絲頁的右上角圖示上看到紅色的數字編號，並在「收件匣」中看到粉絲的留言，利用Messenger程式就能夠針對粉絲的個人問題進行回答。

■ 通知

粉絲專頁提供各項的通知，包括：粉絲的留言、按讚的貼文、分享的項目，以及提示管理者該做的動作。有任何新的通知，管理者都可以在個人臉書或粉絲專頁的右上角圖示上看到數字，就知道目前有多少新的通知訊息。查看這些通知可以讓管理者更了解粉絲專頁經營的狀況以及可以執行的工作。

另外，在「通知」標籤中除了了解各項通知外，左側還可以邀請朋友來粉絲專頁按讚，對於哪些朋友未邀請，哪些朋友已邀請並按讚，或是邀請已送出未回覆的，都可一目了然。

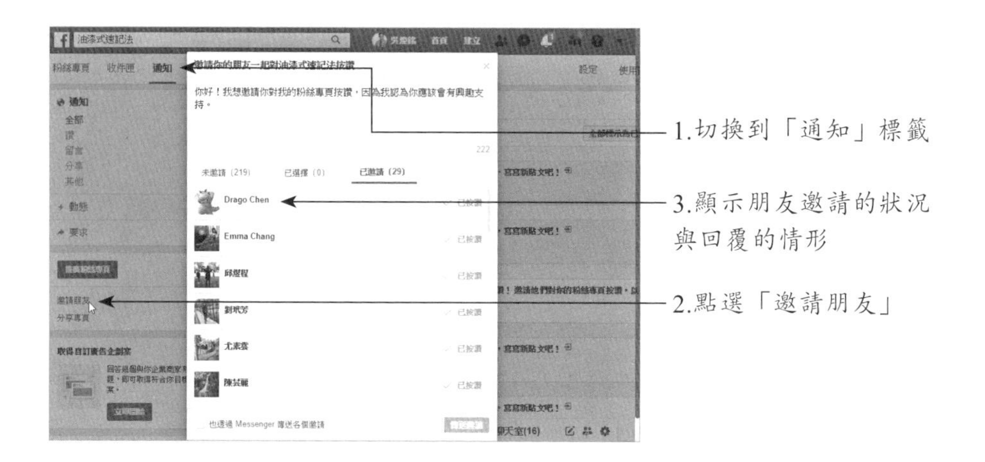

■ 洞察報告

粉絲專頁也內建了強大的行銷分析工具，例如在「洞察報告」方面，對於貼文的推廣情形、粉絲頁的追蹤人數、按讚者的分析、貼文觸及人數、瀏覽專頁次數、點擊用戶的分析等資訊，都是粉絲專頁管理者作爲產品改進或宣傳方向調整的依據，從這些分析中也可以了解粉絲們的喜好。另外，貼文發布的時間、貼文標題、類型、觸及人數、互動情況等，也可以在洞察報告中看得一清二楚喔！

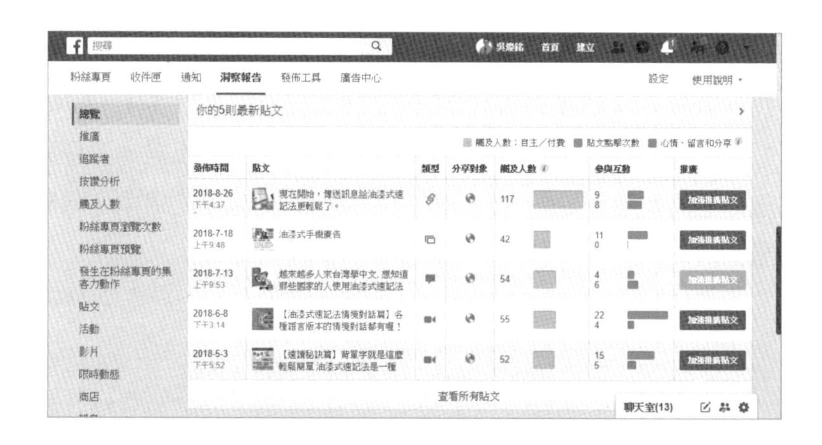

■ 發佈工具

在「發佈工具」標籤中，對於各個已發布的貼文能看到觸及人數、實際點擊人數，另外，發布的影片實際被觀看的次數也是一目了然。對於粉絲有興趣的內容不妨投入一些廣告預算，讓其行銷範圍更擴大。

5-4 Instagram行銷

Instagram是目前最強大的社群行銷工具之一，能很快速增加接觸潛在受眾的機會，尤其是30歲以下的年輕族群。因為它可以將用戶利用智慧型手機所拍攝下來的相片，透過濾鏡效果處理、編修、裝飾、插圖、塗鴉線條、加上心情文字等，讓相片變得活潑生動而有趣，或是拍攝創意影片、進行直播等，然後再將成果分享到Facebook、X（原為twitter）、Flickr、Tumblr等社群網站。行銷目的定位在擴大目標族群，除了將生活點滴快速分送給親朋好友知道外，也可以進行特定人物的追蹤，隨時了解追蹤對象的最新動態。

網紅或藝人都透過Instagram與粉絲們互動，用以行銷自己

IG是圖像傳達資訊的有力工具，它的「個人」頁面以方格狀的顯示所有已分享的相片／影片，作品一覽無遺，不用文字說明也能快速找到想要的目標，網紅、藝人都運用這些美麗驚豔的相片／影片而大放異彩，吸引更多人的注意與追蹤，這是經營個人風格和商品的最佳平台。

5-4-1 IG的相片功能

Instagram有兩個功能可以進行相片拍攝，一個是首頁左上方的「相機」功能，另一個則是位在底端的「新增」頁面，二者都可以進行自拍或拍攝景物，但是在畫面尺寸和使用技巧有所不相同：「相機」拍攝的畫面為長方型，拍攝後以手指尖左右滑動來變更濾鏡，或使用兩指尖進行畫面縮放、旋轉等處理，沒有提供明暗調整的功能，但是可以加入文字、塗鴉線條、插圖等，這是它的特點。「新增」拍攝的畫面為正方形，可套用濾鏡、調整明暗亮度、或進行結構、亮度、對比、顏色、飽和度、暈映等各種編輯功能，著重在相片的編修。

各位在「首頁」左上角按下「相機」鈕將會進入拍照狀態，由下方透過手指左右滑動，即可切換到「一般」進行拍照。

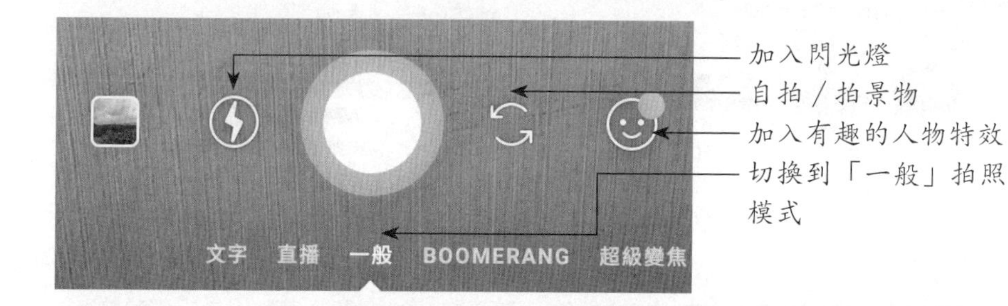

調整好位置後，按下白色的圓形按鈕進行拍照，之後動動手指頭來進行濾鏡的套用和旋轉 / 縮放畫面，多這一道步驟就會讓畫面看起來更吸睛搶眼。

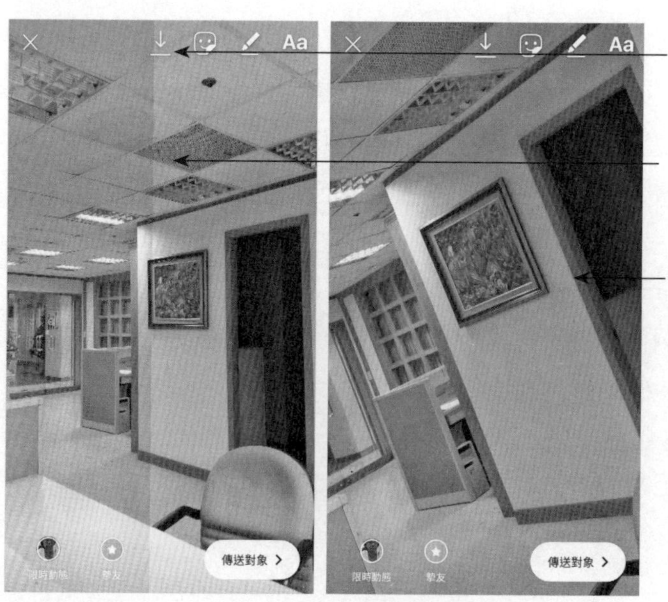

各位如果選用「新增」⊞功能，在拍攝相片後是透過縮圖樣本來選擇套用的濾鏡，Instagram提供的濾鏡效果有四十多種，但是預設值只顯示二十五種濾鏡，如果你經常使用濾鏡功能，不妨將所有的濾鏡效果都加入進來。只要進入「濾鏡」標籤，將濾鏡圖示移到最右側會看到「管理」的圖示，請按下該鈕會進入「管理濾鏡」畫面，依序將未勾選的項目勾選起來，離開後就可以看到增設的濾鏡。切換到「編輯」標籤則是有各種編輯功能可選用，「編輯」所提供的各項功能，基本上是透過滑桿進行調整，滿意變更的效果則按下「完成」鈕確定變更即可。

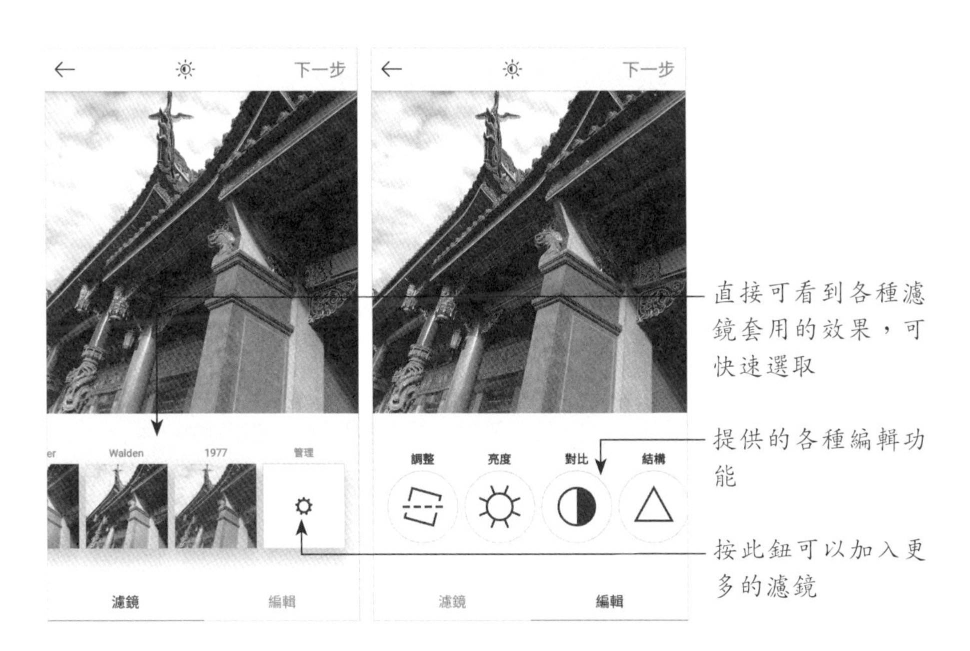

5-4-2 用IG拍攝影片

Instagram除了拍攝相片外，拍攝影片也是輕而易舉的事。你可以使用「相機」◎功能，也可以使用「新增」⊞來進行拍攝影片。利用「新增」所拍攝的影片，其畫面為正方形，可拍攝的時間較長，而且可以分段進行拍攝。使用「相機」功能所拍攝的影片畫面爲長方型，可拍攝的時間較短，且以圓形鈕繞一圈的時間爲拍攝的長度。拍攝時有「一般」錄影、一按即錄、「直播」影片、「倒轉」影片等選擇方式。

■ 一般錄影

按下白色按鈕開始進行動態畫面的攝錄，手指放開按鈕則完成錄影，並自動跳到分享畫面，拍攝長度以彩虹線條繞圓圈一周爲限。

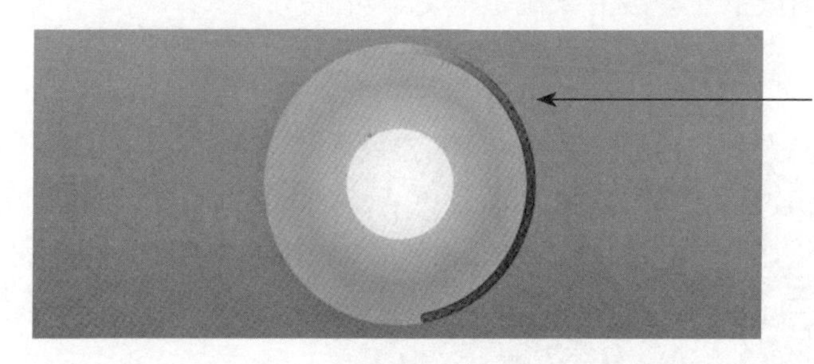

按下白色圓鈕會開始計時，當彩色線條繞完圓圈一周，就不能再繼續拍攝，影片自動跳到分享畫面

■ 一按即錄

選用「一按即錄」鈕，那麼使用者只要在剛開始錄影時按一下圓形按鈕，接著就可以專心拿穩相機拍攝畫面，直到結束時再按下按鈕即可，而時間總長度仍以繞圓周一圈爲限。

此功能不用一直按著按鈕進行錄影，是拍攝的最佳夥伴

■ 直播影片

選用「直播」，只要按下「開始直播」鈕，Instagram就會通知你的一些粉絲，以免他們錯過你的直播內容。

■ 倒轉影片

選用「倒轉」功能可拍攝約20秒左右的影片，它會自動將拍攝的影片內容從最後面往前播放到最前面。當按下該按鈕時，按鈕外圍一樣會有彩色線條進行運轉計時，環繞一圈就會自動關閉拍攝功能。

將影片反轉倒著播放可以製作出酷炫的影片效果，把生活中最平凡的動作像施展魔法一般變得有趣又酷炫。例如拍攝從上而下跳水、潑水、噴香檳、吹泡泡、飛車等動作，只要稍微發揮你的創意，各種魔法影片就可輕鬆拍攝出來。透過以上的方式，各位就能盡興地發揮自己的創意與想

法，且能快速完成各種有趣的相片與他人分享。

5-4-3 精緻美美的相片不可少

繁複的訊息也能運用美美的相片與IG用戶溝通，相片色彩豐富，精緻而漂亮是吸睛的要點，也是得到讚賞的重要關鍵，運用巧思在圖片上展現創意，如何精心安排畫面構圖，就要看拍攝者的用心！利用Instagram的「濾鏡」功能可以改善畫面的色彩，「編輯」功能則可以進行畫面效果的調整，相片若能融合品牌元素，行銷效果絕對會更好，也可以考慮加入手寫文字來表達訴求的重點，增加新鮮感。

5-4-4 善用相簿功能多樣呈現內容

由於Instagram允許貼文中放置十張的相片或影片，所以各位應該多加利用，將商品以多樣方式呈現特點，這樣用戶在瀏覽時就可以更清楚的了解商品，讓店家與用戶的互動變得更豐富有趣，增加購買的信心與慾望。

多樣化呈現商品細節，讓用戶更了解商品

5-4-5 善用主題標籤「#」

標籤（Hashtag）是全世界Instagram用戶的共通語言，是行銷操作上很好用的工具。透過標籤功能，全世界用戶都可以搜尋到店家的貼文，只要在字句前加上「#」，便形成一個標籤。透過主題標籤，用戶可以很快找到自己有興趣的主題或相關貼文，所以在貼文中加入與商品有關的標籤標題，就可以增加被用戶看到的機會，也能迅速增加讚數，並增加消費者參與感。

#台中美食 #台中火鍋 #小火鍋#火鍋 #北屯美食 #強生小吠 #台中 #冊竹園鍋坊 #個人小火鍋 #雙人鍋 #翼坂牛肉 #冬令進補 #一夜干 #昆布鍋 #delicious#foodie #igfood #foodstagram #foodphotography #foods #2eat2gether #foodgasm #instafood #foodpron #hotpot #instahotpot

#taichung #taichungfood #foodie #ig_taiwan #igerstaiwan #vscotaiwan #ig_food #igersfood #vscofood #vscodessert #popyummy #popdaily #strawberrytart #matchacake #matcha #matchadessert #matchalover #igfoodie #igfood #台中 #美食 #臺中 #甜點 #台中美食 #台中甜點 #抹茶 #甜點控 #抹茶控 #手機食先 #草莓

如上所示，除了地域性標籤、產品屬性、產品名稱、英文標籤、熱門的標籤排行榜，商家都應該考慮進去，相關程度較高的標籤也能為你的貼文帶來更多曝光機會，同時透過標籤功能，也可以接收其他人類似的訊息。請各位用心了解多數Instagram用戶喜歡的主題，再斟酌自家商品特點，才能擬出較恰當而不會惹人厭的主題標籤。

主題標籤的使用除了應用在主題的搜尋外，在貼文中、相片中、影片中，你都可以加以活用。你也可以像星巴克一樣自創主題標籤，不管是「#好友分享」、「#星想餐」等，都能讓它的粉絲自動上傳相片，成為星巴克的最佳廣告。

5-4-6 建立網站連結資訊

使用Instagram行銷自家商品時，建議帳號名稱可以取一個與商品相關的好名字，並添加「Store」或「Shop」的關鍵字，以方便用戶的搜尋。如下所示，輸入「上衣」或「外套」等字眼，有「shop」的字也會一併被搜尋到，增加曝光的機會。

如果各位有自己的購物網站，最好也加入到個人檔案當中。請由個人頁面的右上方按下「選項」鈕 ⋮ 鈕，接著點選「編輯個人檔案」的選項，就可以在「網站」的欄位輸入購物網站的網址，以及在「個人簡介」的欄位中介紹自家商品。

網站
網站
個人簡介
個人簡介

對消費者來說，社群媒體往往是最能直接接觸到店家的地方。商家在Instagram所發布的貼文，也可以考慮同步發布到Facebook、X、Tumblr等社群網站，透過交叉推廣的方式，觸發合作社群的商機。請在「選項」頁面中點選「已連結的帳號」，就會看到如左下圖的畫面，只要各位有該網站帳戶與密碼，輸入帳密之後經過授權，如右下圖所示，就可以與Instagram帳戶產生連結。這樣在做行銷推廣時，不但省時省力，也能讓更多人看到你的貼文內容。

除了上述的方式讓Instagram與其他社群網站產生連結關係，增加更多曝光機會外，「選項」頁面中還有一項「切換到商業檔案」的功能。此功能可以連結到臉書的粉絲專頁，讓顧客直接透過個人檔案上的按鈕與你聯絡，商業用戶也可以透過洞察報告了解粉絲情況並查看貼文成效，就跟臉書的粉絲專頁所顯示的內容差不多。如果不喜歡商業帳號，隨時都可以切換回個人帳號，只是商業檔案的相關功能與紀錄會消失而已，如果各位有興趣不妨試用看看。

本章習題

1. 什麼是「金融科技」（Financial Technology, FinTech）？
2. 什麼是「社群行銷」（Social Media Marketing）？
3. 累進式行銷過程可分爲哪4個階段？
4. 請簡述「社群行銷」的特性。
5. 請說明在社群網站中「粉絲」跟「朋友」的差異。
6. 請簡介Instagram。
7. 請簡介限時動態（Stories）功能。
8. 有哪些Instagram登入的方式？
9. 請簡介社群商務（Social Commerce）的定義。

第六章

電商網站建置與成效評估

近年來全球吹起了網際網路的風潮，從電子商務網站到個人的個性化網頁，一瞬間幾乎所有的資訊都連上了網際網路。然而這些資訊取得的介面大多靠的是五花八門的網站介紹，因此網頁架設已成爲全民學習的浪潮。當然建置網站工具的種類也不斷地推陳出新，由HTML、CSS到炙手可熱的ASP（動態伺服器網頁）或ASP.NET，亦或是客戶端的JavaScript、Dreamweaver到伺服端的JSP等。

具有線上購物機制的商品網站

http://www.momoshop.com.tw/main/Main.jsp

IKEA的商城具有濃濃的家居風

http://www.ikea.com/

網際網路已完全融入了我們的生活中，琳瑯滿目的網站提供了購物、學習、新聞等應有盡有的功能，架設一個電子商務網站除了幫公司開發了創新經營模式與建立新通路之外，更能爲企業搭起行銷與溝通的管道。電子商務網站的功能關係到電子商務業務能否具體實現，也是企業電子商務實施與運作的關鍵環節。任何企業或商家在建立電子商務網站前，一定要有適當的規劃與評估。

6-1 電子商務網站的架設

品牌或店家要成功地導入電子商務必須有充足的準備，再依照規劃好的流程，循序漸進完成目標。設置一個電子商務網站，僅是在網路世界占有一席之地，得有完整的考量與規劃，才可能勝出。接下來我們將介紹電子商務系統建置前必須認識的準備工作。電子商務網站開發流程需要依照「系統開發生命週期模式」（System Development Life Cycle, SDLC）來進行，各階段之重要工作包括：

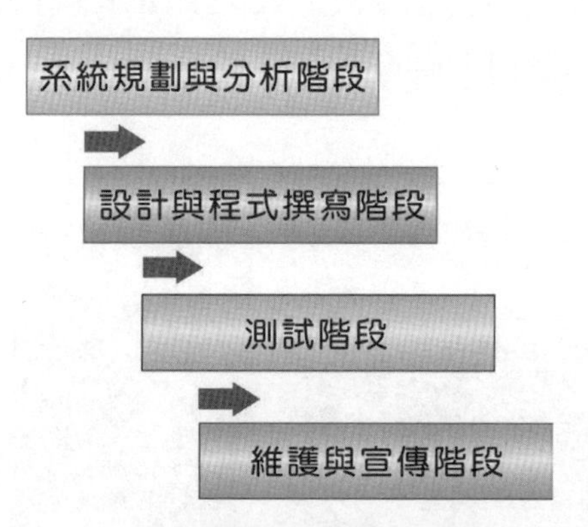

電子商務系統開發示意圖

6-1-1 系統規劃與分析階段

電子商務網站經營規劃涉及了網路人口成長、目標顧客、主要業務內容、相關技術之開發等，首先必須依據企業的策略與目標及整體市場分析來規劃出電子商務網站需求，再依照需求設計出網站如何支援企業與組織目標、子系統規劃、資源分配及執行排程等，其中目標是網站建立的第一要務，決定了網站的經營與獲利模式。

電子商務網站的架構，主要是由伺服器端的網站以及客戶端的瀏覽器兩個部分來組成；伺服器網站主要提供資訊服務，而客戶端瀏覽器則是向網站提出瀏覽資訊的要求。製作電子商務網站的第一步，最好能夠先確認網站的定位與需求，明確定義出網站的目標，以免浪費時間與成本。

當瀏覽者連線到網站時，一定要有個頁面來作為瀏覽者最先看到的畫面，接著再利用此頁面中的超連結來繼續瀏覽其他網頁，這個瀏覽者最先看到的網頁稱為「首頁」（Homepage）。首頁可以視為是店面門面的所在，因此企業網站必須針對企業的識別（Logo）、形象（Image）進行整體配置（Layout），特別是商品陳列設計的優劣也會影響消費者的印象及購買意願。

讓人眼睛為之一亮的月眉育樂世界網頁

http://www.yamay.com.tw/index.asp

隨著網頁效果的技術一日千里，單純的文字及圖片已經無法滿足設計及瀏覽者的需求，背景音樂、Flash動畫、JavaScript等多媒體互動特效是目前網頁設計的主流，想呈現什麼樣的網站，是製作網站的首要重點。

接下來各位可以選用熟悉的影像編輯軟體來編排網頁版面，像是PhotoImpact，本身有很多功能是專爲網頁設計所量身訂做的，且編排完成的畫面也能轉存成網頁形式，又能包含各種動態效果，是製作網頁元件的好幫手。以PhotoImpact完成的網頁檔也能和Dreamweaver整合在一起，對於業餘的網頁設計師來說，要設計網頁元件或編排網頁，PhotoImpact確確實實是個好幫手。

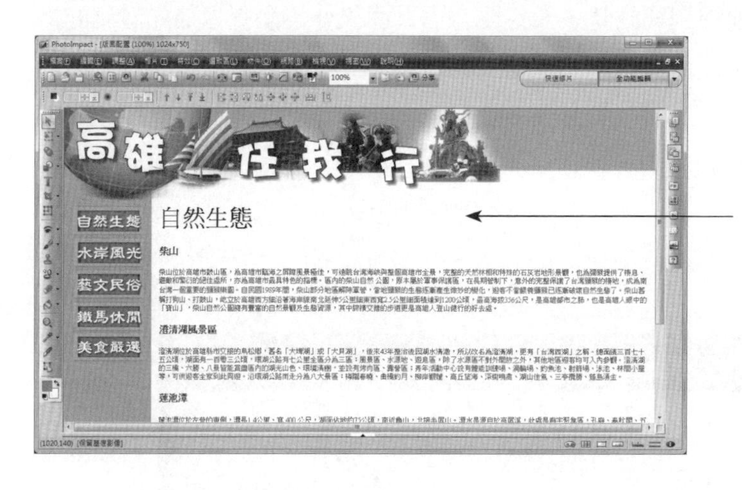

PhotoImpact程式是網頁設計的好幫手，網頁元件的編排組合在這裡都可以快速完成

Adobe Photoshop則是很多專業的網頁設計師所愛用，網頁設計師爲了提供給客戶最滿意及最好的服務，通常都會設計多個版面讓客戶做選擇，以便與客戶溝通。而Photoshop的「圖層構圖」功能就能讓設計師針對頁面編排做多種構圖，不但能在單一檔案中建立和檢視多種形式的版面，也不需要爲每一個版面另存檔名，在管理檔案上比較清楚易辨。

由於網站也算是商品的一種，網路資源的超連結及無遠弗屆的特色，讓企業不再侷限於某一特定族群而已。要怎麼讓網站具有高點閱率就是在設計之前的規劃重點。我們可以先針對「網站主題」及「客戶族群」多與客戶及團隊成員討論，必定可以讓這個網站更加的成功。如下圖是麗寶樂園的園區導覽地圖，精緻細膩的地圖，加上可以動態移動滑鼠或點選景點，就能夠吸引瀏覽者點閱的慾望。

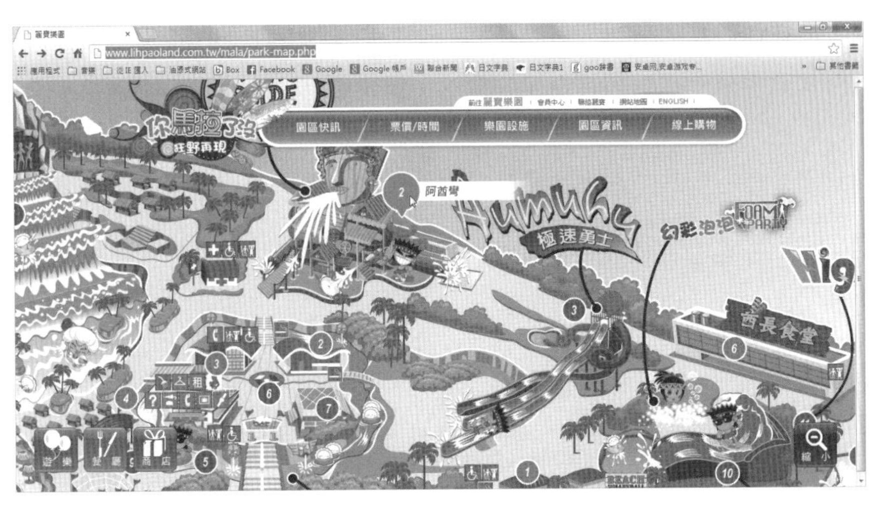

麗寶樂園網址：http://www.lihpaoland.com.tw/mala/park-map.php

版面設計上建議不妨到同類型的各大熱門網站參觀，了解目前的流行趨勢外，對於夠炫、夠酷的設計方式，不管是版面編排、色彩搭配、元件設計等，也可多方參考，刺激出好的網頁設計風格。尤其是首頁（Home Page）與到達頁（Landing Page），通常店家都會用盡心思來設計和編排，首頁的畫面效果若是精緻細膩，瀏覽者就有更有意願進去了解。

Tips

網路上每則廣告都需要指定最終到達的網頁，「到達頁」（Landing Page）就是使用者按下廣告後直接到達的網頁。到達頁和首頁最大的不同，就是到達頁只用一個頁面就要完成馬上吸睛的任務，通常這個頁面是以誘人的文案請求訪客完成購買或登記。

6-1-2 設計與程式撰寫階段——UI/UX

由於網站規模可大可小，例如較大的商務網站可能包含數個產品主題。建議各位在開始時，最好先以一個產品主題爲限，然後再慢慢擴增，結合其他主題而成爲較有規模的網站，這樣做起來會比較得心應手。當資料收集到一定的程度後，就可以開始規劃網站的組織架構，以便了解整個網站的全貌。此階段寧可多花些時間在草圖的繪製與模擬上，以免考慮不周，屆時要修改就得大費周章。透過網站架構圖，各位可以清楚看到主從的關係。

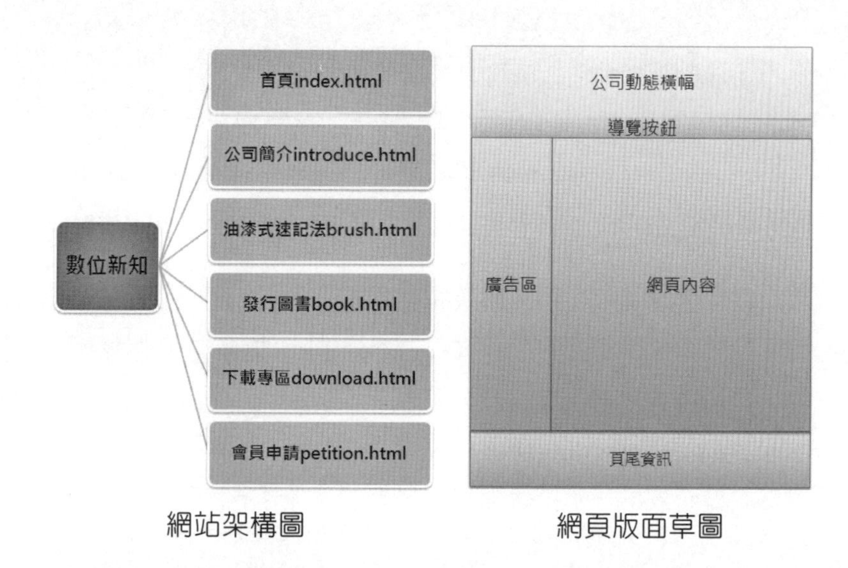

網站架構圖　　網頁版面草圖

接著依據規劃與分析的結果設計各項功能系統的程式碼，包括程式撰寫前的準備程序、相關軟硬體架構、網頁語言與伺服器選擇、資料結構設計等，如果程式方面具備良好的結構化架構，可以大幅縮短本階段所花費的時間。此外，在這個階段中的主要目的還是如何設計出讓用戶能簡單上手與高效操作的用戶介面，因此近來對於UI/UX的討論度大幅提升。

所謂UI（User Interface，使用者介面）是一種人們眞正會使用的部分，它算是一個工具，用來和電腦做溝通，以便讓瀏覽者輕鬆取得網頁上的內容。瀏覽者在利用UI介面取得網站資訊的過程中，所產生的經驗與感受則是UX（User Experience，使用者體驗）。UX的範圍則不僅關注介面設計，更包括所有會影響使用體驗的細節，包括視覺風格、程式效能、正常運作、動線操作、互動設計、色彩、圖形、心理等。

例如電商網站設計首重購物與結帳的流暢度，搭配精湛的UI/UX設計視覺，讓消費者一眼就愛上你的商品。真正的UX是建構在使用者的需求之上，主要考量點是「產品用起來的感覺」，目標是要定義出互動模型、操作流程和詳細UI規格。例如視覺風格的時尚感更能增加使用者的黏著度，近年來特別受到扁平化設計風格的影響，極簡的設計本身並不是設計的真正目的，而是乾淨明亮的介面往往更吸引用戶，讓使用者的注意力可以集中在介面的核心訊息上。

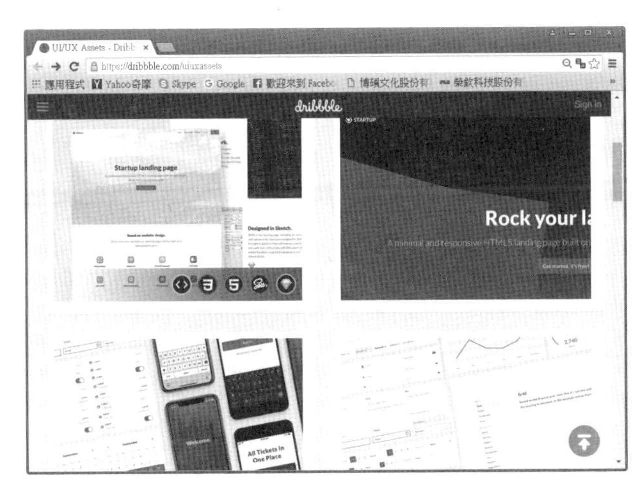

Dribble社群網站有許多目前最新潮的網站設計成果

6-1-3 測試階段

本階段工作著重於每一個網站程式內部邏輯、輸出資料是否正確與整合後所有程式能否滿足系統需求。測試各個子系統無誤後，再進行系統的整合測試，其中高峰的壓力測試及網路安全性測試必須特別重視。編排組合完成的網頁難免有遺漏或疏忽之處，因此完成的內容一定要仔細地校對。段落文章要詳加閱讀，特別注意文句的通順性、人名、聯絡方式、中英文錯別字、英文大小寫、文法錯誤、超連結是否連結到指定的位置等，都要逐一檢查校對，最好能事先列出一份檢測清單，再依序檢測內容，這樣才不會有漏網之魚，否則錯誤百出可是會貽笑大方。

6-1-4 維護與宣傳階段

本階段工作著重於對所有軟體配置做有效管理，並依照隨時發生的變動與企業的可能需求，進行電子商務系統修改或擴充，務必使網站各方面都達到最佳狀態，特別是後端系統必須提供相關的會員管理功能，就這些資料進行相關的買賣行爲分析。在本機複本上完成所有的檢測動作後，接下來準備上傳檔案至伺服器，正式將網站發布出去。上傳後仍需再次做檢測的工作，以確定網站顯示正常。

電子商務的交易大都是數位化方式，所產生的資料也都儲存在後端系統中，因此後端系統維護管理相當重要。對網站運行狀況進行監控，發現運行問題即時解決，並將網站運行的相關情況進行統計。後端系統必須提供相關的資訊管理功能，如客戶管理、報表管理、資料備份與還原等，才能確保電子商務運作的正常。

網路上誰的產品能見度高、消費者容易買得到，市占率自然就高，定期對網站做內容維護及資料更新，是維持網站競爭力的不二法門。我們可定期或是在特定節日時，改變頁面的風格樣式，這樣可以持續帶給網站瀏覽者新鮮感。資料更新是隨時需要注意的部分，避免商品在市面上已流通了一段時間，但網站上卻還是舊資料的狀況發生。

各位可以到各大搜尋引擎登錄網址，好讓瀏覽者輸入關鍵字時，就能看到我們的網站名稱。提交網站資訊給入口網站或搜尋引擎後，過些時候可以檢查一下網站在分類中的排名，如果很後面，那就要考慮更換你的Meta標籤，找到適合網站的定位，才能增加搜尋的排名順序和被點閱率。除此之外，和其他網站交換連結也是個不錯的方式，如果公司有編列廣告預算的話，那麼在各大入口網站放置廣告圖片，也是一個最直接的行銷手法。

觸電網是一個相當知名的電影情報入口網站

6-2 電子商務架站方式

網站製作完成之後，首要工作就是幫網站找個家，也就是俗稱的「網頁空間」。常見的架站方式主要有虛擬主機、主機代管與自行架設等三種方式：

6-2-1 虛擬主機

「虛擬主機」（Virtual Hosting）是網路業者將一台伺服器分割模擬成為很多台「虛擬」主機，讓很多個客戶共同分享使用，平均分攤成本，也就是請網路業者代管網站的意思。對使用者來說，可以省去架設及管理主機的麻煩。

網站業者會提供給每個客戶一個網址、帳號及密碼，讓使用者把網頁檔案透過FTP軟體傳送到虛擬主機上，如此世界各地的網友只要連上網址，就可以看到網站了。一般而言，ISP所提供的網路設備與環境會比較完善，使用者不需自己去購置網路設備，也可以避免錯誤投資造成損失的風險。租用虛擬主機的優缺點如下：

優點：可節省主機架設與維護的成本、不必擔心網路安全問題，可使用自己的「網域名稱」（Domain Name）。

缺點：有些ISP業者會有網路流量及頻寬限制，隨著主機系統不同能支援的功能（如ASP、PHP、CGI）也不盡相同。

提供虛擬主機服務的網站

http://www.nss.com.tw/index.php

6-2-2 主機代管

「主機代管」（Co-location）是企業需要自行購置網路主機，又稱為網路設備代管服務，乃是使用ISP公司的資料中心機房放置企業的網路設備，每月支付一筆費用，也使用ISP公司的網路系統來架設網站。中華電信就有提供標準電信機房空間供企業或個人置放Web伺服器，並經HiNet連接至Internet之服務。

中華電信提供主機代管業務

優點：系統自主權較高，降低硬體投資成本，省去興建機房、申請數據線路等費用。

缺點：主機的管理者必須從遠端連線進入伺服器做管理，管理上較不方便。

6-2-3 自行架設

對一般中小企業來說，想要自己架設網頁伺服器，並不容易，必須要有軟硬體設備以及固定IP，以及具有網路管理專業知識的從業人員。但是大型企業在商業機密的考量下，通常願意投入資源與人力來架設與管理電子商務網站。

優點：容量大、功能沒有限制，完全自主，易於管理與維護，也能配合企業目標。

缺點：必須自行安裝與維護硬體及軟體、加強防火牆等安全設定，需配置專業人員，成本也最高。

以下是三種方式的評估與分析表：

項目	架設伺服器	虛擬主機	申請網站空間
建置成本	最高（包含主機設備、軟體費用、線路頻寬和管理人員等多項成本）	中等（只需負擔資料維護及更新的相關成本）	最低（只需負擔資料維護及更新的相關成本）
獨立IP及網址	可以	可以	附屬網址（可申請轉址服務）
頻寬速度	最高	視申請的虛擬主機等級而定	最慢
資料管理的方便性	最方便	中等	中等
網站的功能性	最完備	視申請的虛擬主機等級而定，等級越高的功能性越強，但費用也越高	最少
網站空間	沒有限制	也是視申請的虛擬主機等級而定	最少
使用線上刷卡機制	可以	可以	無
適用客戶	公司	公司	個人

6-3 網站開發工具簡介

電子商務網站已是網際網路的重要應用領域之一，開發電子商務網站需要許多開發工具的支援，開始開發網站之前，最重要的事就是準備好自己的開發環境，安裝適合的開發工具和軟體。在此我們要來介紹一些常見的工具。

6-3-1 超文字標記語言（HTML）/HTML5

HTML（Hypertext Markup Language）標記語言是一種純文字型態的檔案，它以一種標記的方式來告知瀏覽器以何種方式來將文字、圖像等多媒體資料呈現於網頁之中。通常要撰寫網頁的HTML語法時，只要使用Windows預設的記事本就可以了，然後輸入下面的文字資料：

```
<Html>
 <Head>
  <Title>首頁</Title>
 </Head>
 <Body>
  <H1>歡迎來到我的網站</H1>
 </Body>
</Html>
```

接著在存檔時輸入（htm）副檔名，最後按二下直接開啓剛才所儲存的檔案，畫面內容如下：

這個就是利用HTML語法來設計網頁的方式，網頁檔案的副檔名為htm、html、asp與aspx等。此外，也可以直接從瀏覽器視窗中來觀看網頁畫面的原始碼，請各位執行IE功能表中的「檢視／原始碼」，此時就會看到剛才輸入原始碼的畫面。

要了解HTML的基本結構，可以從二方面來著手。一種是語法的「對稱性」，另一種就是語法的「結構性」。分述如下：

■ 語法對稱性

HTML屬於「對稱性」的語法，大部分語法都是成雙成對的，「<>」的作用代表著裡面的英文字是一個HTML語法指令，「<>」內沒有加上「/」表示是語法開始，有加上「/」表示是語法結束。

如下圖中的<Html>和</Html>就是一組語法，其他的依此類推。語法中並沒有區分英文字母的大小寫，而語法前面的空白也可以視個人的習慣決定是否加入，不過建議各位最好還是利用空白鍵來區隔出程式碼的內容結構，這樣在檢查語法內容時會方便許多。

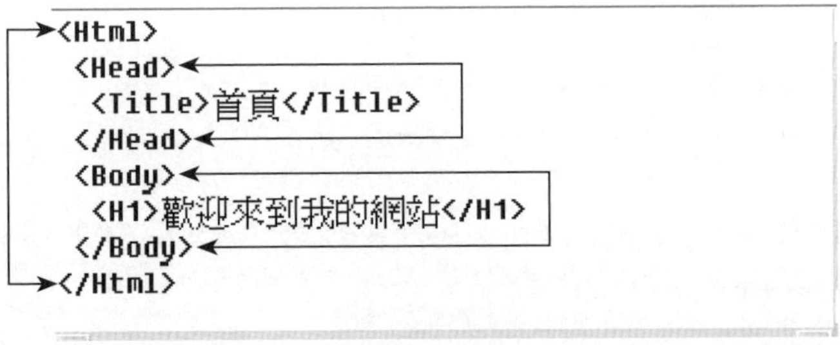

```
<Html>
  <Head>
   <Title>首頁</Title>
  </Head>
  <Body>
   <H1>歡迎來到我的網站</H1>
  </Body>
</Html>
```

■ 語法結構性

HTML語法的「結構性」則是指語法的擺放位置，這裡先列出前面所使用到的語法功能：

語法指令	用法
<Html>	在<Html>和</Html>之間輸入網頁畫面在設計時的所有語法文字
<Head>	在<Head>和</Head>之間輸入與網頁畫面有關的設定文字（例如網頁的編碼方式）
<Title>	在<Title>和</Title>之間輸入顯示在瀏覽器視窗左上角的標題文字，瀏覽器視窗畫面的標題文字（畫面上的首頁二字）是屬於設定文字而非內容文字，因爲其內容不會顯示在視窗畫面中，故其語法不會被包含在<Body>和</Body>之間，而是被包含在<Head>和</Head>之中
<Body>	在<Body>和</Body>之間輸入有關網頁畫面內容的語法文字
<H1>	<H1>語法屬於文字格式的一種，也就是在<H1>和</H1>之間輸入要以<H1>文字格式來顯示的文字內容

全球資訊網協會（W3C）於2009年發表了「第五代超文本標示語言」（HTML5）公開的工作草案，是HTML語法下一個的主要修訂版本。HTML5是基於既有HTML語法基礎再發展而成，並沒有捨棄HTML4的元素標籤，實際包括了HTML5.0、CSS3和JavaScript在內的一套技術組合，特別是在錯誤語法的處理上更加靈活，對於使用者來說，只要瀏覽軟體支援HTML5，就可以享受HTML5的特殊功能，而且開放規格統一了video語法，把影音播放部分交給各大瀏覽器互相競爭。

HTML5雖然還不是正式的網頁格式標準，不過新增的功能除了可讓頁面原始語法更為精簡外，還能透過網頁語法來強化網頁控制元件和應用支援。以往HTML需要加裝外掛程式才能顯示的特效，目前都能直接透過瀏覽器開啓，直接在網頁上提供互動式360度產品展現。

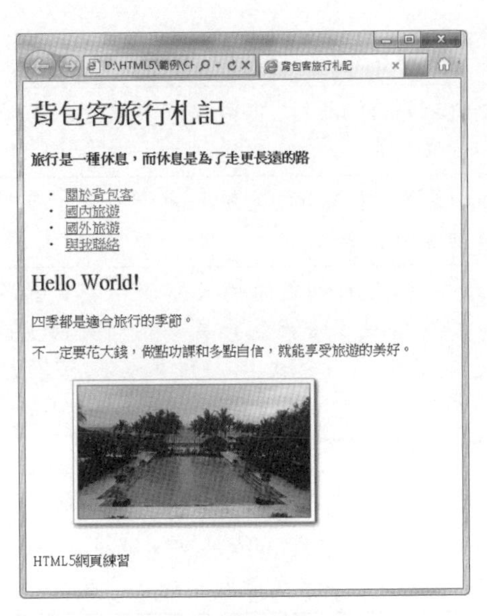

HTML5實作的網頁

隨著行動裝置的普及，只會寫PC瀏覽網頁已經不夠，越來越多人想學習行動裝置網頁設計開發，HTML5也爲了讓網頁程式設計者開發網頁設計應用程式，提供了多種的API供設計者使用，例如Web SQL Database讓設計者可以離線存取本地端（Client）的資料庫，當然要使用這些API必須先熟悉JavaScript語法！

6-3-2 CSS

CSS的全名是Cascading Style Sheets，一般稱之爲串聯式樣式表，其作用主要是爲了加強網頁上的排版效果（圖層也是CSS的應用之一）。在網頁設計初期，由於HTML語法上的不足，使得網頁上的排版效果一直無法達到令人滿意的境界，因此才會在HTML之後繼續開發CSS語法，它可用來定義HTML網頁上物件的大小、顏色、位置與間距，甚至是爲文字、圖片加上陰影等功能。

具體來說，CSS不但可以大幅簡化在網頁設計時對於頁面格式的語法文字，更提供了比HTML更為多樣化的語法效果。CSS最令人驚喜之處的就是文字方面的應用，除了文字性質之外，還可以藉由CSS來包裝或加強圖片或動態網頁的特效。例如使用HTML將背景加上圖片後，圖片只會自動重複填滿整個背景，如果使用CSS指令，則能直接控制水平或垂直的排列方式。

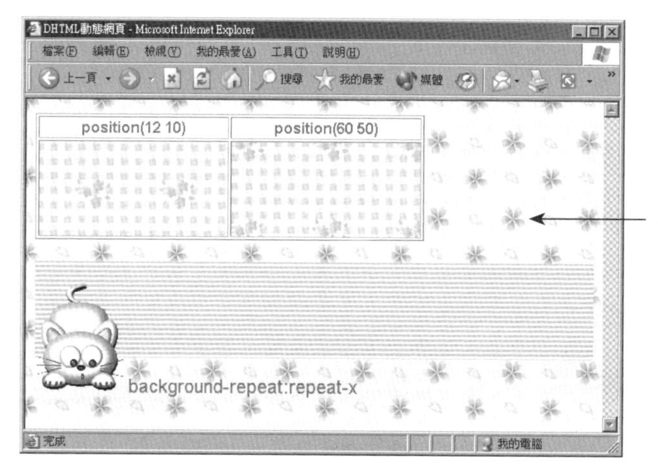

調整position位置，同張圖片顯示效果也不同

6-3-3 osCommerce軟體

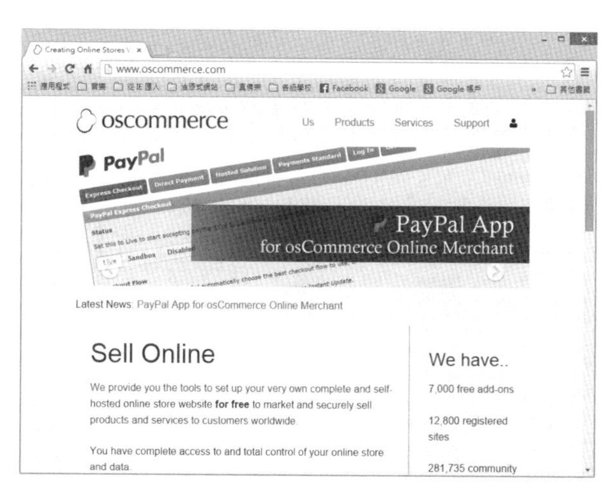

osCommerce原廠的官網

osCommerce爲Open Source e-Commerce的縮寫，是一套全功能電子商務網路開店系統，它不只是公開原始碼，而且主系統也是免費的，支援中文化界面，使用者可以自由下載、安裝並使用該軟體，不需要撰寫任何程式，就可以自行建立一個購物網站，所以堪稱是目前最好的免費電子商務解決方案。

這套系統擁有簡單的安裝方式以及強大的後台維護功能，讓不懂技術的使用者可以輕鬆的建置商務網站，如果遇到問題，也可以到官方網站或技術論壇去尋求解答。使用osCommerce所建立的網站會同時包含商店管理（後台）與使用者選購（前台）兩大部分，前台能夠展示商品、搜尋／瀏覽商品、線上購物、交易付款，或是進行客戶的註冊。

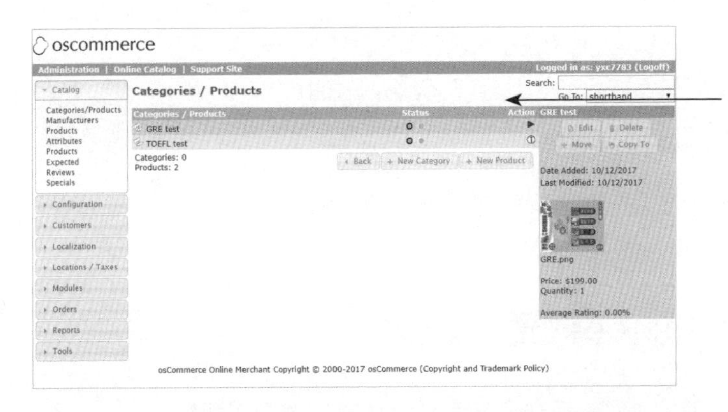

後台提供商店的管理，包括新增商品類別、增／刪商品、產品上架、訂單處理

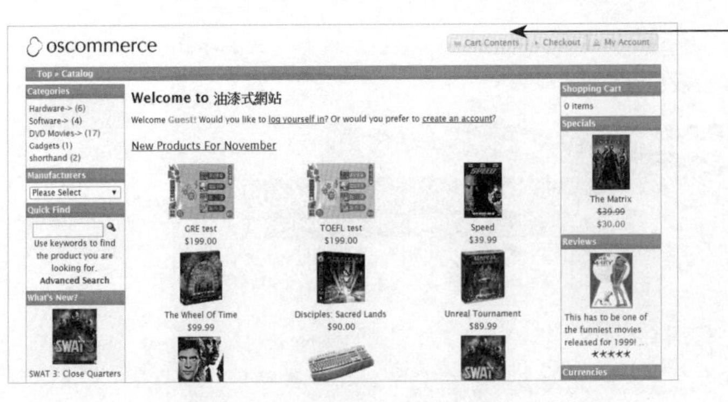

前台提供使用者搜尋／瀏覽商品、選購商品、線上購物、交易付款，或是進行客戶的註冊

6-3-4 Dreamweaver CC

Dreamweaver是目前網路世代中最夯的網頁編輯程式，因爲它可以讓網頁設計師在不需要編寫HTML程式碼的情況下，透過「所見即所得」的方式，輕鬆且快速地編排網頁版面。對於程式設計師而言，也可以透過程式碼模式來快速編修網頁程式。此外，它也能輕鬆整合外部的檔案或程式碼，且網頁上傳功能也相當的安全，所以目前已成爲網站開發人員在設計網站時的最佳選擇工具。

在目前Creative Cloud版本中，安裝程式的方式跟以往有所不同，以往都是透過光碟片來安裝程式，現在則是透過雲端程式來下載軟體。想要使用Adobe Dreamweaver CC程式，首先必須到Adobe網站申請並擁有一組Adobe ID和密碼，透過此組帳戶和密碼，才可進行Adobe Creative Cloud程式的下載。網址如下：https://creative cloud.adobe.com/。

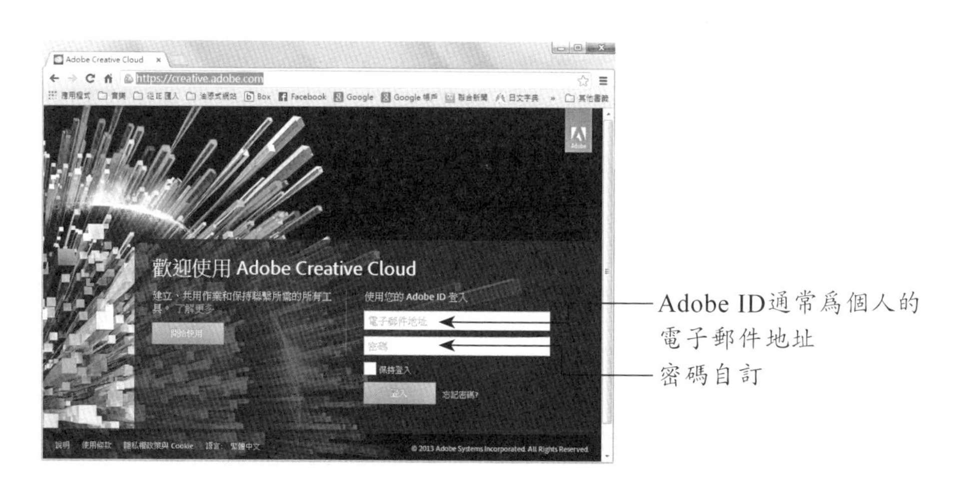

首先映入各位眼前的是「歡迎畫面」，歡迎畫面裡主要包括如下幾項內容：

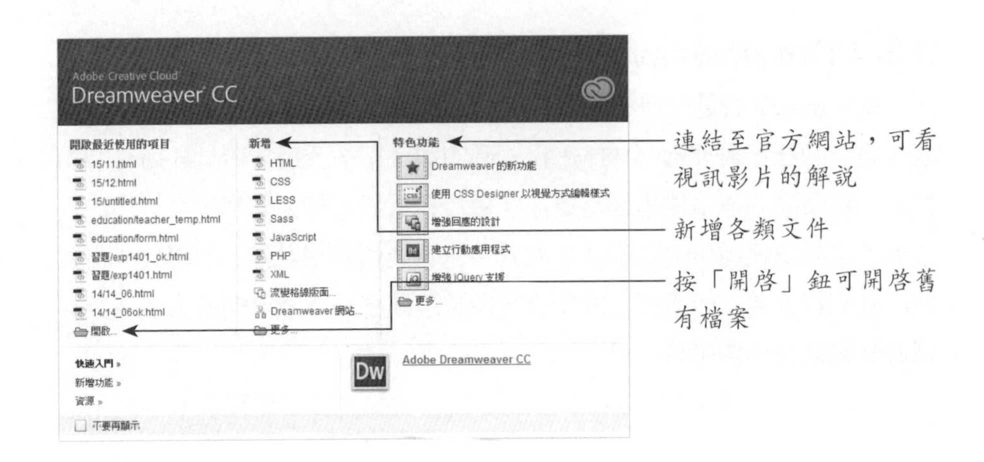

6-3-5 響應式網頁設計（RWD）

隨著行動交易方式機制的進步，全球行動裝置的數量將在短期內超過全球現有人口，在行動裝置興盛的情況下，24小時隨時隨地購物似乎已經是一件輕鬆平常的消費方式，客戶可能會使用手機、平板等裝置來瀏覽你的網站，消費者上網習慣的改變也造成企業行動行銷的巨大變革，如何讓網站可以跨不同裝置與螢幕尺寸順利完美的呈現，就成了網頁設計師面對的一個大難題。

相同網站資訊在不同裝置必須顯示不同介面，以符合使用者需求

電商網站的設計當然是行動行銷業務能否成功的關鍵，一個好的網站不只是侷限於有動人的內容，網站設計方式、編排和載入速度、廣告版面和表達形態都是影響訪客抉擇的關鍵因素，因此針對行動裝置的「響應式網頁設計」（Responsive Web Design, RWD），或稱「自適應網頁設計」，讓網站提高行動上網的友善介面就顯得特別重要。當行動用戶進入你的網站時，必須能讓用戶順利瀏覽、增加停留時間，並使用任何跨平台裝置瀏覽網頁。響應式網站設計最早是由A List Apart的Ethan Marcotte所定義，被公認爲是能夠對行動裝置用戶提供最佳的視覺體驗，原理是使用CSS3以百分比的方式來進行網頁畫面的設計，在不同解析度下能自動去套用不同的CSS設定，透過不同大小的螢幕視窗來改變網頁排版的方式，讓不同裝置都能以最適合閱讀的網頁格式瀏覽同一網站，不用一直忙著縮小放大拖曳，給使用者最佳瀏覽畫面。此外，未來只需要維護及更新一個網站內容，不需要爲了不同的裝置設備，再花時間找人編寫網站內容，每次連上網頁都會是最新版本，代表著我們的管理成本也同步節省。

6-4 網站成效評估

電子商務的種類不斷地推陳出新，使得電子商務的走向更趨於多元化。電子商務網站評估方式衆多，一直以來經營電子商務所爲人詬病就是無法正確評估績效，比較擔心是一下子燒掉太多金額，回收不如預期。由於不同的網站所設定的目標不同，所以也有不同的評價標準。我們可以分別從網站使用率（Web Site Usage）、財務獲利（Financial Benefits）、交易安全（Transaction Security）與品牌效應（Brand Effect）4個面向來評估。

6-4-1 網站使用率

網站設計之重點，不僅在於視覺上的美觀，更要以使用者爲導向出發，符合其上網目的與習慣，達成最佳的商業效果。由於網路數據具備可偵測性，我們可以透過網站流量（Web Site Traffic）、點擊率（Clicks）、訪客數（Visitors）來判斷。網站流量是從各位的網站空間所讀出的資料大小就稱流量，沒有流量就沒有了人氣基礎。點擊數則是一個沒有實際經濟價值的人氣指標，網站無法藉由點擊數來賺錢，最多只能增加網站的流量數字。有許多電子商務網站短期吸引極高的網友點擊率，但網站的內容與活動卻讓人失望，這種高點擊率就是一種曇花一現。

Google Analytics是一套免費且功能強大的跨平台流量分析工具

網站的不重複訪客數也是判斷網站效益的關鍵之一，或者透過新舊訪客比率來了解網站的新訪客和舊訪客的比例，可作爲日後調整內容走向的重要依據。回客率（Back-off rate）更是重要評估指標之一，如何提高回客率是一家網路商店獲利的基礎。因爲網路上有許多免費的流量分析統計工具，如果各位想查詢自己或公司網站的流量排名時，可以直接採用Alexa網站分析工具來對網站進行流量分析。

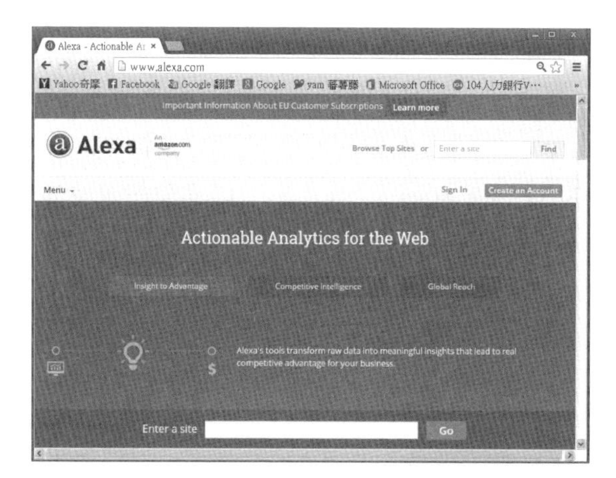

Alexa也是一套免費的網站流量趨勢與分析工具

6-4-2 財務獲利

企業引進電子商務網站最大的價值在於藉由新的交易平台，增加企業的經營績效，並提高企業在產業中的競爭優勢。經營電子商務網站首重成交與營業額，實際經營一個電子商務網站，就必須要像開實體店面一般，從帶進多少訂單或業績來判斷，用更精確的財務數字來評估經營績效。畢竟對購物網站而言，總希望把錢花在刀口上，而最實際的就是網站所帶來的訂單數。例如流量的轉換率（Conversion Rate）就是各家電子商務企業十分重視的一個指標，訂單數／總訪客數就可以算出平均多少訪客可以創造出一張訂單，轉換率越高，電子商務網站的財務獲利績效越好。

6-4-3 交易安全

電子商務越來越盛行，但是消費者依然對網路購物有所顧慮。大部分信用卡客戶認為有無安全機制，是他們進行網路購物時最為擔心的問題。許多消費者在網路上進行瀏覽及交易，最重視的就是網站是否安全，而且也會嚴重影響到他們在網站上進行消費的意願。在安全性方面，評估是否採用SSL機制及網站安全漏洞的防護程度，例如使用者在網站上輸入帳號密碼及下訂單，如果未提供SSL安全機制，個人的隱私資料就很容易被人竊取。網站安全漏洞的防護程度則包括架設防火牆（Firewall）、入侵偵測系統（IDS, Intrusion Detection System）與安裝防毒軟體等。

6-4-4 品牌效應

一個電子商務網站是否能夠讓消費者感到便利及滿意，將會影響到消費者對這個品牌的印象，電子商務確實正在改變人們長久以來的消費習慣與企業的經營型態。很多不同的網站管理者對於網站結果的評估，往往都是憑藉著自己的感覺來審視網站各方的數據，然而一個品質與深度兼具的企業網站所創造的價值是無可計量的，除了可爲網站達到加分的效果，更可以提升品牌的認同度。

本章習題

1. 試簡述電子商務網站的架構。
2. 請簡單說明網站測試階段時期的工作。
3. 有哪些常見的架站方式？
4. 何謂HTML5？試說明之。
5. 何謂「虛擬主機」（Virtual Hosting）？有哪些優缺點？請說明。
6. 試主機代管（Co-location）的功用。
7. 請簡單介紹osCommerce架站軟體。
8. 如何判斷網站經營目標或經營策略是否正確？
9. 請簡述網站流量（Web Site Traffic）、點擊率（Clicks）。

 第七章 

電子商務倫理與相關法律

隨著網際網路的快速興起，不論是一般民眾的生活型態、企業經營模式或政府機關的行政服務，均朝向網路電子化方向漸進發展。電子商務是在網路經濟全球化的浪潮下所產生的新經濟模式，從經濟型態而言，電子商務確實改變了傳統實體交易的型態，只要透過電子化技術與網路就可以進行金流、物流與資訊流，大幅節省行銷成本與通路時間。

經濟部電子商務法制網站

許多前所未有的操作與交易模式產生，例如線上交易、線上金融、網路銀行、隱私權保護、電子憑證、數位簽章、消費者保護等。近年來有關電子商務的倫理與相關法律爭議，影響電子商務推動的進度與合法性的討論。由於電子商務模式正不斷地推陳出新，適當解決衍生的法律問題與消費紛爭，成為政府與民間在推動電子商務時最急需面對的重要課題。

7-1 資訊倫理與素養

網路文化的特性是在網路世界的普遍性中，即使是位於社會網路中最底層的人，也都與其他占據較優勢社會地位的人一樣，在網路中擁有同等機會與地位來陳述他們自己的意見，甚至透過大衆討論與交流的管道，搖身一變成爲影響社會的重大力量，俗稱爲「婉君」（網軍）。網路世界雖然並無國界可言，可以無限延伸人類的視野，但是網路世界並非就因此不受原本現實世界的法律或倫理所拘束。

部落格的快速流行引發了許多著作權討論與問題

資訊發展帶來了便利生活和豐富的資訊世界，並且增加了人與人之間多元與多媒體的互動模式，讓溝通與接觸的層面擴大與改變。網路其實正默默地在主導一個人類新文明的成型，當然也帶來了對於傳統文化與倫理的衝擊。由於網路具有公開分享、快速、匿名等特性，產生了越來越多的倫理價值改變與偏差行爲，因此資訊倫理的議題越來越受到各界廣泛的重視。

7-1-1 資訊倫理的定義

倫理是一個社會的道德規範系統，賦予人們在動機或行爲上判斷的基準，也是存在人們心中的一套價值觀與行爲準則。如同我們討論醫生對病人必須有醫德，律師與他的訴訟人有某些保密的職業道德一樣，對於擁有龐大人口的電腦相關族群，當然也需有一定的道德標準來加以規範，這就是「資訊倫理」所將要討論的範疇。

資訊倫理的適用對象，包含了廣大的資訊從業人員與使用者，範圍則涵蓋了使用資訊與網路科技的態度與行爲，包括資訊的搜尋、檢索、儲存、整理、利用與傳播，凡是探究人類使用資訊行爲對與錯之道德規範，均可稱爲資訊倫理。資訊倫理最簡單的定義，就是利用和面對資訊科技時相關的價值觀與準則法律。

7-1-2 資訊素養

所謂「水能載舟，亦能覆舟」，資訊網路科技雖然能夠造福人類，不過也帶來新的危機。網際網路架構協會（Internet Architecture Board, IAB）主要負責網際網路間的行政和技術事務監督與網路標準和長期發展，IAB曾將以下網路行爲視爲不道德：

1. 在未經任何授權情況下，故意竊用網路資源。
2. 干擾正常的網際網路使用。

3. 以不嚴謹的態度在網路上進行實驗。
4. 侵犯別人的隱私權。
5. 故意浪費網路上的人力、運算與頻寬等資源。
6. 破壞電腦資訊的完整性。

二十一世紀資訊技術將帶動全球資訊環境的變革，隨著知識經濟時代的來臨與多元文化的社會發展，除了人文素養訴求外，資訊素養的訓練與資訊倫理的養成，也越來越受到重視。素養一詞是指對某種知識領域的感知與判斷能力，例如英文素養，指的就是對英國語文的聽、說、讀、寫綜合能力，「資訊素養」（Information Literacy）可以看成是個人對於資訊工具與網路資源價值的了解與執行能力，更是未來資訊社會生活中必備的基本能力。

資訊素養的核心精神是在訓練普羅大衆，在符合資訊社會的道德規範下應用資訊科技，對所需要的資訊能利用專業的資訊工具，有效地查詢、組織、評估與利用。McClure教授於1994年時，首度清楚將資訊素養的範圍劃分爲傳統素養（Traditional Literacy）、媒體素養（Media Literacy）、電腦素養（Computer Literacy）與網路素養（Network Literacy）等數種資訊能力的總合，分述如下：

- **傳統素養**：個人的基本學識，包括聽說讀寫及一般的計算能力。
- **媒體素養**：在目前這種媒體充斥的年代，個人使用媒體與善用媒體的一種綜合能力，包括分析、評估、分辨、理解與判斷各種媒體的能力。
- **電腦素養**：在資訊化時代中，指個人可以用電腦軟硬體來處理基本工作的能力，包括文書處理、試算表計算、影像繪圖等。
- **網路素養**：認識、使用與處理通訊網路的能力，但必須包含遵守網路禮節的態度。

7-2 PAPA理論

「資訊倫理」就是與資訊利用和資訊科技相關的價值觀，本節中我們將引用Richard O. Mason在1986年時，提出以資訊隱私權（Privacy）、資訊精確性（Accuracy）、資訊財產權（Property）、資訊使用權（Access）等四類議題來界定資訊倫理，因而稱為「PAPA理論」。

7-2-1 資訊隱私權

隱私權在法律上的見解，即是一種「獨處而不受他人干擾的權利」，屬於人格權的一種，是為了主張個人自主性及其身分認同，並達到維護人格尊嚴為目的。「資訊隱私權」則是討論有關個人資訊的保密或予以公開的權利，包括什麼資訊可以透露？什麼資訊可以由個人保有？也就是個人有權決定對其資料是否開始或停止被他人收集、處理及利用的請求，並進而擴及到什麼樣的資訊使用行為，可能侵害別人的隱私和自由的法律責任。

在今天高速資訊化的環境中，不論是電腦或網路中所流通的資訊，都已是一種數位化資料。當網路成功的讓網站伺服器把資訊公開給上百萬的使用者的同時，其他人也可以用同樣的管道侵入正在運作的Web伺服器，間接造成隱私權被侵害的潛在威脅相對提高。

只有信譽良好的電子商務業者，才能使資訊隱私權得到充分保障

例如未經同意將個人的肖像、動作或聲音，透過網路傳送到其他人的電腦螢幕上，這都是嚴重侵害隱私權的行爲。之前新竹有一名男大學生扮駭客，將「彩虹橋木馬程式」植入某女子的電腦中，並透過網路遠端遙控，開啓電腦上的攝影機，錄下被害女子的私密照片，後來更將其放在部落格上。經報警後，尋線找到該大學生，並以製作犯罪電腦程式、侵入電腦、破壞電磁紀錄、妨害祕密、散布竊錄內容以及加重誹謗等罪嫌起訴。美國科技大廠Google也十分注重使用者的隱私權與安全，當Google地圖小組在收集街景服務影像時會進行模糊化處理，讓使用者無法認出影像中行人的臉部和車牌，以保障個人隱私權，避免透露入鏡者的身分與資料。如果使用者仍然發現不當或爭議內容都可以隨時向Google回報協助儘快處理。

或者像是企業監看員工電子郵件內容，雇主與員工對電子郵件的性質認知不同，也將同時涉及企業利益與員工隱私權的爭議性。就雇主角度言，員工使用公司的電腦資源，本應該執行公司的相關業務，雖然在管理上的確有需要調查來往通訊的必要性，但如此廣泛的授權卻可能被濫用，因爲任何監看私人電子郵件的舉動，都可能會構成侵害資訊隱私權的事實。

目前兼顧國內外對於這項爭議的法律相關見解，平衡點應是企業最好事先在勞動企契約中載明表示將採取監看員工電子郵件的動作，那麼監看行爲就不會構成侵害員工隱私權。因此一般電子商務網站管理者也應在收集使用者資料之前，事先告知使用者，資料內容將如何被收集及如何進一步使用處理資訊，並且善盡保護之責任，務求資料的隱密性與完整性。

7-2-2 資訊精確性

資訊時代來臨，隨著資訊系統的使用而快速傳播，並迅速地深入生活的每一層面，當然錯誤的資訊也無所不在，嚴重影響我們的生活。例如電腦有相當精確的運算能力，即便遠在外太空中人造衛星的航道計算及洲際飛彈的試射，透過電腦精準的監控，可以精密計算出數千公里以外的軌道與彈著點，而且誤差範圍在數公尺以內。

試想如果輸入電腦的資訊有誤，而導致飛彈射錯位置，那後果就不堪設想。過去在波灣戰爭中，就曾發生一次電腦系統些微出錯，美國發射的愛國者飛彈落在美軍軍營，造成人員嚴重傷亡。

一般來說，來自網路電子公布欄的匿名信件或留言，瀏覽者很難就其所獲得的資訊逐一求證。一旦在網路上發表，理論上就能瞬間到達世界的每一個角落，很容易造成錯誤的判斷與決策，而且許多言論所造成的傷害難以事後彌補。例如有人謊稱哪裡遭到恐怖攻擊，甚至造成股市大跌，多少投資人血本無歸。更有人提供錯誤的美容小偏方，讓許多相信的網友深受其害，皮膚反而潰爛不堪，但卻是投訴無門。

2014年台灣三星電子在臺灣就發生了一件「三星寫手事件」，是指臺灣三星電子疑似透過網路打手進行不眞實的產品行銷被揭發而衍生的事件。三星涉嫌與網路業者合作僱用工讀生，假冒一般消費者在網路上發文誇大行銷三星產品的功能，並且以攻擊方式評論對手宏達電（HTC）出產的智慧式手機，這也涉及了造假與資訊精確性的問題。後來這個事件也創下了臺灣網路行銷史上最高的罰鍰金額，公平會依據了公平交易法第24條規定：「除本法另有規定者外，事業亦不得爲其他足以影響交易秩序之欺罔或顯失公平之行爲。」對台灣三星開罰，罰鍰高達1,000萬元，除了金錢的損失以外，三星也賠上了消費者對品牌價值的信任。

資訊不精確也會給現代社會與企業組織帶來極大的風險，其中包括了資訊提供者、資訊處理者、資訊媒介體與資訊管理者四方面。資訊精確性的精神就在討論資訊使用者擁有正確資訊的權利或資訊提供者提供正確資訊的責任，也就是除了確保資訊的正確性、眞實性及可靠性外，還要規範提供者如提供錯誤的資訊，所必須負擔的責任。

7-2-3 資訊財產權

在現實的生活中，一份實體財產要複製或轉移都相當不易，例如一臺汽車如果要轉手，非得到要到監理單位辦上一堆手續，更不用談複製一臺汽車了，那乾脆重新跟車行買一臺新車可能還更划算。資訊產品的研發，一開始可能要花上大筆費用，完成後資訊產品本身卻很容易重製，這使得資訊財產權的保護，遠比實物財產權來得困難。對於一份資訊產品的產生，所花費的人力物力成本，絕不在一家實體財產之下，例如一套單機板遊戲軟體的開發可能就要花費數千萬以上，而所有的內容可儲存在一張薄薄的光碟上，任何人都可隨時帶了就走。

榮欽科技開發的巴冷公主遊戲就花了預算3,000萬

由於資訊類的產品是以數位化格式檔案流通，所以很容易產生非法複製的情況，加上燒錄設備的普及與網路下載的推波助瀾下，使得侵權問題日益嚴重。例如在網路或部路落格上分享未經他人授權的MP3音樂，其中像美國知名的音樂資料庫網站MP3.com，提供消費者MP3音樂下載的服務，就遭到美國五大唱片公司指控其大量侵犯他們的著作權。或者有些公司員工在離職後，帶走在職其間所開發的軟體，並在新公司延續之前的設計，這都是涉及了侵犯資訊財產權的行爲。

KKBOX的歌曲都是取得唱片公司的合法授權

圖片來源http://www.kkbox.com.tw/funky/index.html

資訊財產權的意義就是指資訊資源的擁有者對於該資源所具有的相關附屬權利，包括了在什麼情況下可以免費使用資訊？什麼情況下應該付費或徵得所有權人的同意方能使用？簡單來說，就是要定義出什麼樣的資訊使用行爲算是侵害別人的著作權，並承擔哪些責任。

我們再來討論YouTube上影片使用權的問題，許多網友經常隨意把他人的影片或音樂放上YouTube供人欣賞瀏覽，雖然沒有營利行爲，但也造成了許多糾紛，甚至有人控告YouTube不僅非法提供平台讓大家上載影音檔案，還積極地鼓勵大家非法上傳影音檔案，這就是盜取別人的資訊財產權。

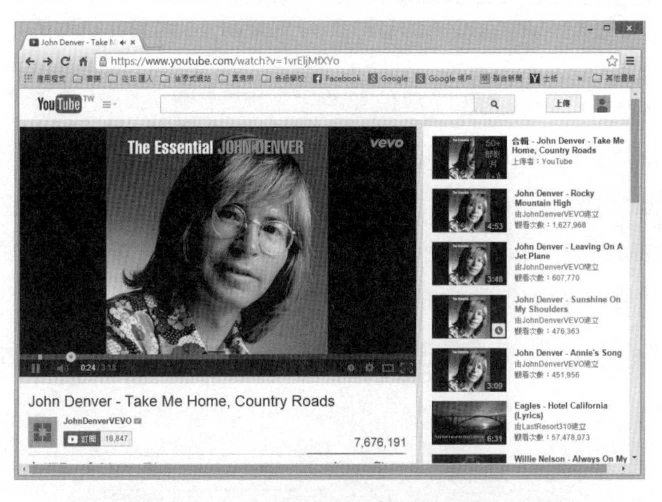

YouTube上的影音檔案也擁有資訊財產權

後來YouTube總部引用美國1998年數位千禧年著作權法案（DMCA），內容是防範任何以電子形式（特別是在網際網路上）進行的著作權侵權行爲，其中訂定有相關的免責規定，只要網路服務業者（如YouTube）收到著作權人的通知，就必須立刻將被指控侵權的資料隔絕下架，網路服務業者就可以因此免責。YouTube網站充分遵守DMCA的免責規定，所以我們在YouTube經常看到很多遭到刪除的影音檔案。

7-2-4 資訊使用權

不論對一個國家或企業而言，資訊與網路設備所耗費的成本都是相當驚人，但是否能享有此資訊取用權的公平性卻是頗受質疑，最明顯的例子就是城鄉差距的問題，但在其他偏遠山區的居民可能連基本撥接式上網的功能都顯得遙不可及。《全民公敵》電影中的劇情，就是一個探討資訊使用權最經典的範例。在政府機構中的某個單位，擁有無上限取得每一個個人資料的權利，但這又對隱私權的保護造成了衝突。或者有些不肖的公職人員，將原本應該依法保管的資料庫販售圖利，造成嚴重的治安問題。之前有一個案例就是當警方破獲一個信用卡盜刷集團時，竟然發現了許多政府高官的個人身分資料。

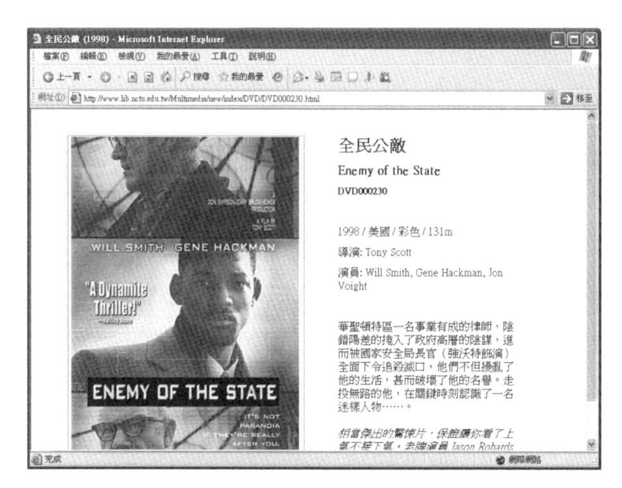

《全民公敵》電影海報

資訊使用權最直接的目的，就是在探討維護資訊使用的公平性，包括如何維護個人對資訊使用的權利？如何維護資訊使用的公平性？與在哪個情況下，組織或個人所能取用資訊的合法範圍。

隨著智慧型手機的廣泛應用，最容易發生資訊使用權濫用的問題。通常手機的資料除了有個人重要資料外，還有許多朋友私人通訊錄與或隱私的相片。各位在下載或安裝App時，有時會遇到許多App要求權限過高，這時就可能會造成資安的風險。蘋果iOS市場比Android市場更保護資訊使用權，例如App Store對於上架App的要求存取權限與功能不合時，在審核過程中就可能被踢除掉，即使是審核通過，iOS對於權限的審核機制也相當嚴格。

7-3 智慧財產權

說到財產權，一般人可能只會聯想到不動產或動產等有形體與價值的所有物，因為時代的不斷進步，無形財產的價值也越受到重視，就是人類智慧所創造與發明的無形產品，內容包羅萬象，包括了著作、音樂、圖畫、設計等泛智慧型產品，而國家以立法方式保護這些人類智慧產物與創作人得專屬享有之權利，就叫做「智慧財產權（Intellectual Property Rights, IPR）」。隨著資訊科技與網路的快速發展，網際網路已然成為全世界最大的資訊交流平台，「智慧財產權」所牽涉的範圍也越來越廣，在各位輕易及快速透過網路取得所需資訊的同時，都使得資訊智慧財產權歸屬與侵權的問題越顯複雜。

7-3-1 智慧財產權的範圍

「智慧財產權」（Intellectual Property Rights, IPR），必須具備「人類精神活動之成果」與「產生財產上價值」之特性範圍，同時也是一種「無體財產權」，並由法律所創設之一種權利。智慧財產權立法目的，在於透過法律，提供創作或發明人專有排他的權利，包括了「商標權」、「專利權」、「著作權」。

權利的內容涵蓋人類思想、創作等智慧的無形財產，並由法律所創設之一種權利，或者可以看成是在一定期間內有效的「知識資本」（Intellectual Capital）專有權，例如發明專利、文學和藝術作品、表演、錄音、廣播、標誌、圖像、產業模式、商業設計等。分述如下：

- **著作權**：指政府授予著作人、發明人、原創者一種排他性的權利。著作權是在著作完成時立即發生的權利，也就是說著作人享有著作權，不需要經由任何程序，當然也不必登記。
- **專利權**：專利權是指專利權人在法律規定的期限內，對其發明創造所享有的一種獨占權或排他權，並具有創造性、專有性、地域性和時間性，但必須向經濟部智慧財產局提出申請，經過審查認爲符合專利法之規定，而授與專利權。
- **商標權**：「商標」是指企業或組織用以區別自己與他人商品或服務的標誌，自註冊之日起，由註冊人取得「商標專用權」，他人不得以同一或近似之商標圖樣，指定使用於同一或類似商品或服務。

7-4 著作權

著作權則是屬於智慧財產權的一種，我國也在保護著作人權益，調和社會利益，促進國家文化發展，制定著作權法。所謂著作，從法律的角度來解釋，是屬於文學、科學、藝術或其他學術範圍的創作，包括語言著作及視聽製作，但不包括如憲法、法律、命令或政府公文，或依法令舉行的各種考試試題。

我國著作權法對著作的保護，採用「創作保護主義」，而非「註冊保護主義」。著作權內容則是指因著作完成，就立即享有這項著作著作權，不需要經由任何程序，於著作人之生存期間及其死後五十年都擁有其著作權。至於著作權的內容則包括以下項目：

7-4-1 著作人格權

保護著作人之人格利益的權利，爲永久存續，專屬於著作人本身，不得讓與或繼承。細分以下三種：

■**姓名表示權**：著作人對其著作有公開發表、出具本名、別名與不具名之權利。

■**禁止不當修改權**：著作人就此享有禁止他人以歪曲、割裂、竄改或其他方法改變其著作之內容、形式或名目致損害其名譽之權利。例如要將金庸的小說改編成電影，金庸就能要求是否必須忠於原著，能否省略或容許不同的情節。

■**公開發表權**：著作人有權決定他的著作要不要對外發表，如果要發表的話，決定什麼時候發表，以及用什麼方式來發表，但一經發表這個權利就消失了。

7-4-2 著作財產權

即著作人得利用其著作之財產上權利，包括以下項目：

■**重製權**：是指以印刷、複印、錄音、錄影、攝影、筆錄或其他方法有形之重複製作，是著作財產權中最重要的權利，也是著作權法最初始保護的對象。著作權係法律所賦予著作權人之排他權，未經同意，他人不得以任何方式引用或重複使用著作物，所以任何人要重製別人的著作，都要經過著作人的同意。

■**公開口述權**：僅限於語文著作有此項權利，是指用言詞或其他方法向公眾傳達著作內容的行爲。

■**公開播放權**：指基於公眾直接收聽或收視爲目的，以有線電、無線電或其他器材之傳播媒體傳送訊息之方法，藉聲音或影像，向公眾傳達著作內容。其中傳播媒體包括電視、電臺、有線電視、廣播衛星或網際網路等。

■**公開上映權**：以單一或多數視聽機或其他傳送影像之方法，於同一時間向現場或現場以外一定場所之公眾傳達著作內容。

■**公開演出權**：是指以演技、舞蹈、歌唱、彈奏樂器或其他方法向現場之公眾傳達著作內容。

- **公開展示權**：是特別指未發行的美術著作或攝影著作的著作人享有決定是否向公衆展示的權利。
- **公開傳輸權**：指以有線電、無線電之網路或其他通訊方法，藉聲音或影像向公衆提供或傳達著作內容，包括使公衆得於其各自選定之時間或地點，以上述方法接收著作內容。
- **改作權**：是指以翻譯、編曲、改寫、拍攝影片或其他方法就原著作另爲創作，因此改作別人的著作，就必須徵得著作財產權人的同意。
- **編輯權**：是指著作權人有權決定自己的著作，是否要被選擇或編排在他人的編輯著作中。其實編輯權是常見的社會現象，像是某個年度的排行榜精選曲。
- **出租權**：是指著作原件或其合法著作重製物之所有人，得出租該原件或重製物，也就是把著作出租給別人使用，而獲取收益的權利。例如市面上一些DVD影碟出租店將DVD出租給會員在家觀看之用。
- **散布權**：指著作人享有就其著作原件或著作重製物對公衆散布或所有權移轉之專有權利。例如販賣盜版CD、畫作、錄音帶等實體物之著作內容傳輸，皆屬侵害散布權，但透過電台或網路所作的傳輸則不屬於散布權的範圍。

7-4-3 合理使用原則

基於公益理由與基於促進文化、藝術與科技之進步，爲避免過度之保護，且爲鼓勵學術研究與交流，法律上乃有合理使用原則。所謂著作權法的「合理使用原則」，就是即使未經著作權人之允許而重製、改編及散布仍是在合法範圍內。其中的判斷標準包括使用的目的、著作的性質、占原著作比例原則與對市場潛在影響等。

例如爲了教育目的之公開播送、學校授課需要之重製、時事報導之利用、公益活動之利用、盲人福利之重製與個人或家庭非營利目的之重製等。在著作的合理使用原則下，不構成著作財產權之侵害，但對於著作人格權並不產生影響。或者對於研究、評論、報導或個人非營利使用等目的，在合理的範圍之內，得引用別人已經公開發表的著作。也就是說，在這種情形之下，不經著作權人同意，而不會構成侵害著作權。

舉例來說，如果以101大樓為背景設計廣告或者自行拍攝101大樓照片並做成明信片等行為，雖然「建築物」也是受著作權法保護的著作之一，但是基於公益考量，訂有許多合理使用的條文，101大樓是普遍性的大眾建築。經濟部智慧財產局曾經表示，拍影片將101大樓入鏡或以101為背景拍攝海報等，以上行為都是「合理使用」，並不算侵權。但如果以雕塑方式重製雕塑物，那就侵權了。

在此要特別提醒大家注意的是，即使某些合理使用的情形，也必須明示出處，寫清楚被引用的著作的來源。當然最佳的方式是在使用他人著作之前，能事先取得著作人的授權。

7-4-4 電子簽章法

由於傳統的法律規定與商業慣例，限制了網上交易的發展空間，我國政府於民國90年11月14日為推動電子交易之普及運用，確保電子交易之安全，促進電子化政府及電子商務之發展，特制定電子簽章法，並自2002年4月1日開始施行。

電子簽章法的目的就是希望透過賦予電子文件和電子簽章法律效力，建立可信賴的網路交易環境，使大衆能夠於網路交易時安心，還希望確保資訊在網路傳輸過程中不易遭到僞造、竄改或竊取，並能確認交易對象眞正身分，並防止事後否認已完成交易之事實。除了網路之交易行爲外，並就電子文件之效力也提出相關的規範，藉由電子簽章法的制訂，建立合乎標準的憑證機構管理制度，並賦予電子訊息具有法律效力，降低電子商務之障礙。

7-4-5 個人資料保護法

隨著科技與網路的不斷發展，資訊得以快速流通，存取也更加容易，特別是在享受電子商務帶來的便利與榮景時，也必須承擔個資容易外洩、甚至被不當利用的風險，因此個人資料保護的議題也就越來越受到各界的重視。近年來一直不斷發生電子商務網站個人資料外洩的事件，如何加強保護甚至妥善因應個資法，是電子商務產業面臨一大挑戰。

爲了遏止網購業者洩露個資而讓網路詐騙有機可乘，經過各界不斷的呼籲與努力，法務部組成修法專案小組於93年間完成修正草案，歷經數年審議，終於99年4月27日完成三讀，同年5月26日總統公布「個人資料保護法」，其餘條文行政院指定於101年10月1日施行。在新版個資法尚未修訂前，法務部就已將無店面零售業列入「電腦處理個人資料保護法」的指定適用範圍。個資法立法目的爲規範個人資料之蒐集、處理及利用，個資法的核心是爲了避免人格權受侵害，並促進個人資料合理利用。這是對臺灣的個人資料保護邁向新里程碑的肯定，但也意味著，各主管機關、公司行號，及全台2300萬人民，日後必須遵守、了解新版個資法的相關規範，與其所帶來的衝擊。

所謂的個人資料，根據個資法第1章第2條第1項：「指自然人之姓名、出生年月日、身分證統一編號、護照號碼、特徵、指紋、婚姻、家庭、教育、職業、病歷、醫療、基因、性生活、健康檢查、犯罪前科、聯絡方式、財務情況、社會活動及其他得以直接或間接方式識別該個人之資料。」

電子商務平台上面的賣家，無論有無經營實體店面，有些會使用身分證字號作為使用者帳號，這類資料都是個人資料的一部分，都在新版個資法所適用的範圍內，同樣需要對個人資料進行保護。舉例來說，在拍賣網站上所使用的賣家名稱，因為無法直接判別，所以賣家名稱並不屬於個人資料，但是賣家的聯絡電話、電子郵件或是匯款帳號，則是屬於個人資料的一部分。個資法更加強了保障個人隱私，遏止過去個人資料嚴重的不當使用。

過去臺灣企業對個資保護一直著墨不多，導致民眾個資取得容易，造成詐騙事件頻傳，尤其新版個資法上路後，要求商家應當採取適當安全措施，以防止個人資料被竊取、竄改或洩漏，否則造成資料外洩或不法侵害，企業或負責人可能就得承擔個資刑責及易科罰金。

7-5 網路著作權

在網際網路尚未普及的時期，任何盜版及侵權行為都必須有實際的成品（如影印本及光碟）才能實行。不過在這個高速發展的數位化網際網路環境裡，其中除了網站之外，也包含多種通訊協定和應用程式，資訊分享方式更不斷推陳出新。數位化著作物的重製非常容易，只要一些電腦指令，就能輕易的將任何的「智慧作品」複製與大量傳送。

雖然網路是一個虛擬的世界，但仍然要受到相關法令的限制，也就是包括文章、圖片、攝影作品、電子郵件、電腦程式、音樂等，都是受著作權法保護的對象。我們知道網路著作權仍然受到著作權法的保護，不過在我國著作權法的第1條中就強調著作權法並不是專為保護著作人的利益而制定，尚有調和社會發展與促進國家文化發展的目的。

網路著作權就是討論在網路上流傳他人的文章、音樂、圖片、攝影作品、視聽作品與電腦程式等相關衍生的著作權問題，特別是包括「重製權」及「公開傳輸權」，應該經過著作財產權人授權才能加以利用。

在著作權法的「合理使用原則」之下，應限於個人或家庭、非散布、非營利之少量下載，如爲報導、評論、教學、研究或其他正當目的之必要的合理引用。

基本上，網路平台上即使未經著作權人允許而重製、改編及散布仍是有限度可以，因此並不是網路上的任何資訊取得及使用都屬於違法行爲，但是要界定合理使用原則目前仍有相當的爭議。

很多人誤以爲只要不是商業性質的使用，就是合理使用，其實未必。例如單就個人使用或是學術研究等行爲，就無法完全斷定是屬於侵犯智慧財產權，網路著作權的合理使用問題很多，本節將進行討論。

7-5-1 網路流通軟體介紹

由於資訊科技與網路的快速發展，智慧財產權所牽涉的範圍也越來越廣，例如網路下載與燒錄功能的方便性，都使得所謂網路著作權問題越顯複雜。例如網路上流通的軟體就可區分爲三種，分述如下：

軟體名稱	說明與介紹
免費軟體（Freeware）	擁有著作權，在網路上提供給網友免費使用的軟體，並且可以免費使用與複製。不過不可將其拷貝成光碟，將其販賣圖利
公共軟體（Public Domain Software）	作者已放棄著作權或超過著作權保護期限的軟體
共享軟體（Shareware）	擁有著作權，可讓人免費試用一段時間，但如果試用期滿，則必須付費取得合法使用權

其中像「免費軟體」與「共享軟體」仍受到著作權法的保護，就使用方式與期限仍有一定限制，如果沒有得到原著作人的許可，都有侵害著作權之虞。即使是作者已放棄著作權的公共軟體，仍要注意著作人格權的侵害問題。以下我們還要介紹一些常見的網路著作權爭議問題：

7-5-2 網站圖片或文字

某些網站都會有相關的圖片與文字，若未經由網站管理或設計者的同意就將其加入到自己的頁面內容中就會構成侵權的問題。或者從網路直接下載圖片，然後在上面修正圖形或加上文字做成海報，如果事前未經著作財產權人同意或授權，都可能侵害到重製權或改作權。至於自行列印網頁內容或圖片，如果只供個人使用，並無侵權問題，不過最好還是必須取得著作權人的同意。不過如果只是將著作人的網頁文字或圖片作爲超連結的對象，由於只是讓使用者作爲連結到其他網站的識別，因此是否涉及到重製行爲，仍有待各界討論。

7-5-3 超連結的問題

所謂的超連結（Hyperlink）是網頁設計者以網頁製作語言，將他人的網頁內容與網址連結至自己的網頁內容中。例如各位把某網站的網址加入到頁面中，如http://www.google.com.tw，雖然涉及了網址的重製問題，但因爲網址本身並不屬於著作的一部分，故不會有著作權問題，或是單純的文字超連結，只是單純文字敘述，應該也未涉及著作權法規範的重製行爲。如果是以圖像作爲連結按鈕的型態，因爲網頁製作者已將他人圖像放置於自己網頁，似乎已有發生重製行爲之虞，不過這已成網路普遍之現象，也有人主張是在合理使用範圍之內。

還有一種框架連結（Framing），則因爲將連結的頁面內容在自己網頁中的某一框架畫面中顯示，對於被連結網站的網頁呈現，因而產生其連結內容變成自己網頁中的部分時，應有重製侵權的問題。

此外，國內盛行網路部落格文化，並以悅耳的音樂來吸引瀏覽者，曾經有一位部落格版本只是用HTML語法的框架將音樂播放器嵌入網頁中，就被檢察官起訴侵害著作權人之公開傳輸權。因此各位在設計網站架構時，除非取得被連結網站主的同意，否則我們會建議盡可能不要使用視窗連結技術。

7-5-4 轉寄電子郵件

電子郵件可以說是Internet上最重要、應用也是最廣泛的服務，它的出現對於現代人的生活產生了非常大的改變。除了資訊交流以外，大部分的人也習慣將文章及圖片或他人的E-mail，以附件方式再轉寄給朋友或是同事一起分享。電子郵件的附件可能是文章或他人之信件或文字檔、音樂檔、圖形檔、電腦程式壓縮檔等，這些檔案依其情形等同有各別的著作權，但是這種行為已不知不覺涉及侵權行為。有些人喜歡未經當事人的同意，而將寄來的E-mail轉寄給其他人，這可能侵犯到別人的隱私權。如果是未經網頁主人同意，就將該網頁中的文章或圖片轉寄出去，就有侵犯重製權的可能。不過如果只是將該網頁的網址（URL）轉寄給朋友，就不會有侵犯著作權的問題了。更有些人喜歡惡作劇，常喜歡將附有血腥、恐怖圖片的電子郵件轉寄他人，導致收件人受驚嚇而情緒失控，寄發這種恐怖的資訊，因而造成該人精神因此受損，可能觸犯過失傷害罪或普通傷害罪。

7-5-5 快取與映射問題

所謂「快取」（Caching）功能，就是電腦或代理伺服器會複製瀏覽過的網站或網頁在硬碟中，以加速日後瀏覽的連結和下載，也就是藉由「快取」的機制，瀏覽器可以減少許多不必要的網路傳輸時間，並加快網頁顯示速度。通常「快取」方式可以區分為「個人電腦快取」與「代理伺服器快取」兩種。

例如「個人電腦快取」的用途就是將曾經瀏覽過的網頁留存在自己

PC的硬碟上，以方便使用者可以隨時按下「上一頁」或「下一頁」工具鈕功能來閱讀看過的網頁。

至於「代理伺服器快取」的功用，就是當我們點選進入某網頁時，代理伺服器便會先搜尋主機內是否有前一位網友已搜尋過而留下的資料備份，若有就直接回傳給我們，反之，則代理伺服主機會依照網址向該網路主機索取資料。

一份回傳給我們，一份留存備份，以達到避免占用網路頻寬與重複傳送到該網路主機所花費時間所特別設計之功能。像這樣上網瀏覽網頁，以快取方式暫存在伺服器或硬碟中雖然涉及重製行爲，而重製權又是專屬於著作權人的權利。也就是說，就網路傳輸的必然重製這個問題，並不一定觸犯「暫時性重製」行爲，在我國著作權法中，僅禁止一般人非法重製行爲，至於電腦自動產生的重製則無相關規定，目前應該還算是視爲一種合理使用的範圍。

至於映射（Mirrioring）功能則與「快取」相似，比如說某些ISP的網站，會取得一些廣受歡迎的熱門網站同意與授權，並將該網站的完整資料複製在自己的伺服器上。當使用者連線後，可直接在ISP的伺服器上看到這些網站，不必再連線到外部網路。不過這還是會有牽涉到該網站的時效、完備性及相關著作權與隱私權的問題。

7-5-6 暫時性重製

一般說來，資訊內容在電腦中運作時就會產生重製的行爲。例如各位在電腦中播放音樂或影片時，此時記憶體中必定會產生和其相同的一份資料以供播放運作之用，這就算是一種重製。不僅如此，利用硬碟中暫存區空間所放置的資料（原意是用來加快讀取的速度），在法律上而言，也是屬於重製的行爲。

而在電腦與網路行爲有涉及重製權的部分，包括上傳（Upload）、下載（Download）、轉貼（Repost）、傳送（Forward）、將著作存放於硬碟〔或磁碟、光碟、隨機存取記憶體（RAM）、唯讀記憶體（ROM）〕、列印（Print）、修改（Modify）、掃描（Scan）、製作檔案或將BBS上屬於著作性質資訊製作成精華區等。

不過按照世界貿易組織「與貿易有關之智慧財產權協定」第9條提到，修正「重製」之定義，包括「直接、間接、永久或暫時」之重複製作，另增訂特定之暫時性重製情形不屬於「重製權」之範圍。

例如我們使用電腦網路或影音光碟機來觀賞影片、聆聽音樂、閱讀文章、觀看圖片時，這些影片、音樂、文字、圖片等影像或聲音，都是先透過機器之作用而「重製儲存」在電腦或影音光碟機內部的RAM後，再顯示在電視螢幕上。聲音則是利用音響設備來播放，當關機的同時這些資訊也就消失了，這種情形就是一種「暫時性重製」的現象。這是屬於技術操作過程中必要的過渡性與附帶性流程，並不具獨立經濟意義的暫時性重製，因此不屬於著作人的重製權範圍，不必獲得同意。

不過日前行政院所通過的「著作權法」修正草案，已將暫時性重製明列爲著作權法重製的範圍，但爲讓使用人有合理使用的空間，增列重製權的排除規定。也就是說，網路使用者瀏覽網頁內容時的資料暫存或傳輸過程中必要的暫時性重製，都是該條合理使用的範圍。以後單純上網瀏覽網頁內容，收聽音樂或觀賞電影，都不會構成著作權侵害。

雖然我國智慧財產局官員強調只要加上合理使用範圍的相關配套，暫時性重製問題就不會人人皆罪，不過相信只要暫時性重製是著作權法上的重製權範圍，那日後可能的爭議必定會層出不窮。

7-5-7 網域名稱權爭議

在網路發展的初期，許多人都只把「網域名稱」（Domain Name）當成是一個網址而已，扮演著類似「住址」的角色，後來隨著網路技術與電子商務模式的蓬勃發展，企業開始留意網域名稱也可擁有品牌的效益與功用，因爲網域名稱不僅是讓電腦連上網路而已，還應該是企業的一個重要形象的意義，特別是以容易記憶及建立形象的名稱，更提升爲辨識企業提供電子商務或網路行銷的表徵，成爲一種有利的網路行銷工具。由於「網域名稱」採取先申請先使用原則，許多企業因爲尚未意識到網域名稱的重要性，導致無法以自身商標或公司名稱作爲網域名稱。近年來網路出現了出現了一群搶先一步登記知名企業網域名稱的「域名搶註者」（Cybers-quatter），俗稱爲「網路蟑螂」，讓網域名稱爭議與搶註糾紛日益增加，不願妥協的企業公司就無法取回與自己企業相關的網域名稱。政府爲了處理域名搶註者所造成的亂象，或者網域名稱與申訴人之商標、標章、姓名、事業名稱或其他標識相同或近似，台灣網路資訊中心（TWNIC）於2001年3月8日公布「網域名稱爭議處理辦法」，所依循的是ICANN（Internet Corporation for Assigned Names and Numbers）制訂之「統一網域名稱爭議解決辦法」。

7-5-8 侵入他人電腦

網路駭客侵入他人的電腦系統，不論有無破壞行爲，都已構成了侵權的舉動。之前曾發生有人入侵政府機關網站，並將網頁圖片換成色情圖片，或者有學生入侵學校網站竄改成績，這樣的行爲已經構成刑法「入侵電腦罪」、「破壞電磁紀錄罪」、「干擾電腦罪」等，應該依相關規定處分。

如果是更動電腦中的資料，由於電磁紀錄也屬於文書之一種，因此還會涉及僞造文書罪或毀損文書罪。隨著網路寬頻的大幅改善，現在許多年輕人都沉迷於線上遊戲，因爲線上遊戲日漸風行，相關的法律問題也隨之產生。線上遊戲吸引人之處，在於玩家只要持續「上網練功」就能獲得寶物，例如線上遊戲的發展後來產生了可兌換寶物的虛擬貨幣。這些虛擬寶物及貨幣，往往可以轉賣其他玩家以賺取實體世界的金錢，並以一定的比率兌換，這種交易行爲在過去從未發生過。有些玩家運用自己豐富的電腦知識，利用特殊軟體（如特洛伊木馬程式）進入電腦暫存檔獲取其他玩家的帳號及密碼，或用外掛程式洗劫對方的虛擬寶物，再把那些玩家的裝備轉到自己的帳號來。

這到底構不構成犯罪行爲？由於線上寶物目前一般已認爲具有財產價值，這已構成了意圖爲自己或第三人不法之所有或無故取得、竊盜與刪除或變更他人電腦或其相關設備之電磁紀錄的罪責。

7-6 創用CC授權簡介

台灣創用CC的官網

隨著數位化作品透過網路的快速分享與廣泛流通，各位應該都有這樣的經驗，有時因為電商網站設計或進行網路行銷時，需要到網路上找素材（文章、音樂與圖片），不免都會有著作權的疑慮，一般人因為害怕造成侵權行為，卻也不敢任意利用。近年來網路社群與自媒體經營盛行，例如一些網路知名電商社群時常有轉載他人原創內容的需求，因此被檢舉侵犯著作權而造成不少風波，也讓人再次思考網路著作權的議題。不過現代人觀念的改變，多數人也樂於分享，總覺得獨樂樂不如眾樂樂，也有越來越多人喜歡將生活點滴以影像或文字記錄下來，並透過許多社群來分享給普羅大眾。

因此對於網路上著作權問題開始產生了一些解套的方法，在網路上也發展出另一種新的著作權分享方式，就是目前相當流行的「創用CC」授權模式。基本上，創用CC授權的主要精神是來自於善意換取善意的良性循環，不僅不會減少對著作人的保護，同時也讓使用者在特定條件下能自由使用這些作品，並因應各國的著作權法分別修訂，許多共享或共筆的網站服務都採用此種授權方式，讓大眾都有機會共享智慧成果，並激發出更多的創作理念。

所謂「創用CC」（Creative Commons）授權是源自著名法律學者美國史丹佛大學Lawrence Lessig教授於2001年在美國成立Creative Commons非營利性組織，目的在提供一套簡單、彈性的「保留部分權利」（Some Rights Reserved）著作權授權機制。「創用CC授權條款」分別由四種核心授權要素（「姓名標示」、「非商業性」、「禁止改作」以及「相同方式分享」），組合設計了六種核心授權條款（姓名標示、姓名標示─禁止改作、姓名標示─相同方式分享、姓名標示─非商業性、姓名標示─非商業性─禁止改作、姓名標示─非商業性─相同方式分享），讓著作權人可以透過簡單的圖示，針對自己所同意的範圍進行授權。創用CC的四大授權要素說明如下：

標誌	意義	說明
	姓名標示	允許使用者重製、散布、傳輸、展示以及修改著作，不過必須按照作者或授權人所指定的方式，標示出原著作人的姓名
	禁止改作	僅可重製、散布、展示作品，不得改變、轉變或進行任何部分的修改與產生衍生作品
	非商業性	允許使用者重製、散布、傳輸以及修改著作，但不可以爲商業性目的或利益而使用此著作
	相同方式分享	可以改變作品，但必須與原著作人採用與相同的創用CC授權條款來授權或分享給其他人使用，也就是改作後的衍生著作必須採用相同的授權條款才能對外散布

透過創用CC的授權模式，創作者或著作人可以自行挑選出最適合的條款作爲授權之用，藉由標示於作品上的創用CC授權標章，因此讓創作者能在公開授權且受到保障的情況下，更樂於分享作品，無論是個人或團體的創作者都能夠在相關平台進行作品發表及分享。

本章習題

1. 在公開場所播放或演唱別人的音樂或錄音著作，應徵得著作權人的同意或授權，至於同意或授權的條件，該找誰談？
2. 小華把小丁寫給小美的情書，偷偷傳拿給其他同學看，這樣是否有侵權的行爲？爲什麼？
3. 試說明資訊精確性的精神所在。
4. 何謂公開傳輸權？試說明之。
5. 試簡述重製權的內容與刑責。
6. 何謂「快取」（Caching）功能？有哪兩種？

7. 網路駭客侵入他人的電腦系統，可能觸犯哪些刑責？
8. 試舉實例說明公開演出權。
9. 自己購買了一套電影DVD，能否自己燒錄一份當作備份DVD，但有時又把這備份借給同學欣賞，這種行爲對嗎？
10. 有一視覺傳達系的同學拍攝一影片作爲畢業展之用，但影片有一畫面出現了美術館中展示的個人畫作，請問這樣是否會有著作權之爭議？
11. 小華購買了一套正式版單機作業系統軟體，除了灌進自己和姐姐的電腦中，這有侵權的問題嗎？
12. 試說明著作人格權的內容有哪三種？
13. 著作權的「合理使用原則」有哪幾項原則？
14. 請問電腦程式合法持有人擁有的權利爲何？
15. 當著作人死亡後，能再享受多長年限的著作權保護，如遇侵權行爲，試說明賠償的優先權。
16. 請簡述資訊倫理的適用對象與定義。
17. 什麼是資訊素養（Information Literacy）？
18. 試簡述PAPA理論。

第八章

電子商務的展望與未來

由於電子商務不受天候、時間、地點的限制，產品項目選擇眾多，通路也很快速方便，電子商務市場已經在過去幾年大幅成長。尤其智慧型手機普及後，行動商務躍升成爲電子商務的最新課題，對於品牌或店家來說，這種利用行動裝置帶來交易的策略，將可以爲業績帶來全新的盈利藍海。

蝦皮購物為東南亞及臺灣最大的行動電商平台

8-1 電子商務的發展方向

電子商務對現代企業而言存在著無限可能，勢必成爲將來商業發展的主流模式，特別是受到COVID-19的影響，導致正常工作型態與服務提供方式迅速轉變，居家辦公或宅經濟成爲新興趨勢，全球宅經濟（Stay at Home Economic）快速發展，大量的消費者從實體轉爲線上消費，不但可以很明顯發現除了年輕族群以外，有越來越多的中老年客群也開始在電商網站消費了，並日趨依賴電子商務的便利性，未來將不只是把商品放到網路上販賣，還要建立出一個良好的購物體驗。未來的消費者將不會只重視價格和規格，便利與信任更是網路交易的核心。電子商務已經幾乎成爲所有產業全新的必要通路，本章中我們將討論電子商務的未來發展方向。

Tips

「宅男、宅女」這名詞是從日本衍生而來，在臺灣御宅族被用來形容那些足不出戶，整天呆坐在電腦前看DVD、玩線上遊戲、逛網路拍賣平台等，卻沒其他嗜好的人們。這些消費者只要動動手指頭，即能輕鬆在網路上購物，每一樣商品都可以宅配到家。在這一片不景氣當中，宅經濟（Stay at Home Economic）帶來的「宅」商機卻創造出另一個經濟奇蹟！

疫情期間，宅經濟為電子商務帶來新藍海

8-1-1 行動商務與社群結合

全球行動裝置快速發展，這股「新眼球經濟」所締造的市場經濟效應，正快速連結身邊所有的人、事、物，同時改變著我們的日常習慣，「行動商務」即將成爲新藍海。根據IDC（Internet Data Center，全球資訊網數據中心）報告顯示，2017年美國境內透過行動裝置上網的人數，早已經大幅超過從電腦上網的人數，在消費性電子設備全面走向行動產品之際，行動商務勢必將成爲電子商務市場未來的發展重點。

隨著越來越多網路社群提供了行動版的行動社群，透過手機使用社群的人口正在高速成長，社群平台大幅增加電商與客戶接觸，加上疫情擴大消費者對快速、及時、折扣、永續性、物流的消費需求，特別是年輕人喜歡行動購物，創造社群行動力是關鍵，「行動社群網路」（Mobile Social Network）已然成爲風潮，不但是消費者習慣改變的結果，身處行動社群網路時代，有許多店家與品牌在SoLoMo（Social、Location、Mobile）模式中趁勢而起。

> **Tips**
>
> KPCB合夥人約翰．杜爾（John Doerr）在2011年提出的一個趨勢概念，強調「在地化的行動社群活動」，主要是因為行動裝置的普及和無線技術的發展，讓Social（社群）、Local（在地）、Mobile（行動）三者合一能更為緊密結合，顧客會同時受到社群（Social）、行動裝置（Mobile）、本地商店資訊（Local）的影響。

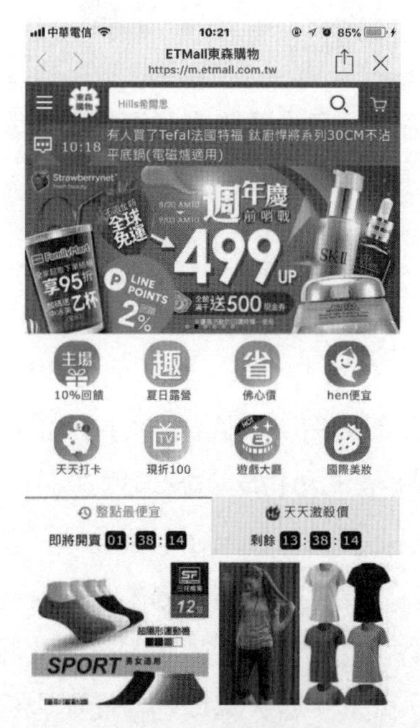

行動社群行銷提供即時購物商品資訊

今日的消費者利用行動裝置，隨時隨地獲取最新消息，讓商家更即時貼近目標顧客與族群，產生隨時隨地的互動與溝通。例如各位想找一家性價比高的餐廳用餐，透過行動裝置上網與社群分享的連結，藉由適地性（LBS）找到附近的口碑不錯的用餐地點。

店家可以利用Line@鎖定5公里的顧客來行銷推廣

8-1-2 離線商務模式（O2O）模式的興起

網路家庭董事長詹宏志曾經在一場演講中發表他的看法：「越來越多消費者使用行動裝置購物，這件事極可能帶來根本性的轉變，甚至讓傳統電子商務產業一切重來。」更強調：「未來更是虛實相滲透的商務世界。」新一代的電子商務已經逐漸發展出創新的離線商務模式（Online To Offline, O2O），透過更多的虛實整合，全方位滿足顧客需求。O2O就是整合「線上（Online）」與「線下（Offline）」兩種不同平台所進行的一種行銷模式，因爲消費者也能「Always Online」，讓線上與線下能快速接軌，因爲當消費者使用管道越多，總消費金額越高，透過改善線上消費流程，直接帶動線下消費，消費者可以直接在網路上付費，而在實體商店中享受服務或取得商品，全方位滿足顧客需求。簡單來說，就是消費者在虛擬通路（Online）付費購買，然後再親自到實體商店（Offline）取貨或享受服務的新興電子商務模式。O2O能整合實體與虛擬通路的O2O行銷，特別適合「異業結盟」與「口碑銷售」，因爲O2O的好處在於訂單於線上產生，每筆交易可追蹤，也更容易溝通及維護與用戶的關係，反而傳統交易較無法掌握消費者的個人資料與喜好。

我們以提供消費者24小時餐廳訂位服務的訂位網站「EZTABLE易訂網」爲例，易訂網的服務宗旨是希望消費者從訂位開始就是一個很棒的體驗，除了餐廳訂位的主要業務，後來也導入了主動銷售餐券的服務，不僅滿足熟客的需求，成爲免費宣傳，也實質帶進訂單，並拓展了全新的營收來源。

易訂網是個成功的O2O模式

行動購物更朝虛實整合O2O體驗發展，包括流暢地連接瀏覽商品到消費流程，線上線下無縫整合的行銷體驗。臺灣最大的網路書店「博客來」所推出的App「博客來快找」，可以讓使用者在逛書店時，透過輸入關鍵字搜尋以及快速掃描書上的條碼，然後導引你在博客來網路上購買相同的書，完成交易後，會即時告知取貨時間與門市地點，並享受到更多折扣。

博客來快找還會搶實體書店客戶的訂單

Tips

零售4.0時代是在「社群」與「行動載具」的迅速發展下，朝向行動裝置等多元銷售、支付和服務通路，消費者掌握了主導權，再無時空或地域國界限制，從虛實整合到朝向全通路（Omni-Channel），迎接以消費者爲主導的無縫零售時代。

全通路則是利用各種通路爲顧客提供交易平台，以消費者爲中心的24小時營運模式，並且消除各個通路間的壁壘，如果讓消費者可以在所有的渠道，包括在實體和數位商店之間的無縫轉換，去眞正滿足消費者的需要，不管是透過線上或線下都能達到最佳的消費體驗，便可以發揮加倍的行銷效益。

8-1-3 智慧商務的成熟發展

電子商務市場開始轉向以顧客爲核心的「智慧商務」（Smarter Commerce）時代，所謂「智慧商務」是一種企業利用「人工智慧」（Artificial Intelligence, AI）與消費者交流的全新對話形式誕生，要能夠洞察客戶內心眞實想法以預測服務與產品的需求，讓商務運作能在資訊科技的協助下，以更聰明的方式運行，從面向客戶的銷售、金流服務、物流管理、行銷工具，到面向營運的供應鏈管理、製造生產，整個企業的完整價值鏈都以客戶的客製化需求爲依歸，更可以一路延伸到售後服務的體系。透過導入智慧商務，爲企業創造品牌知名度與客戶忠誠度，保證企業能夠適時、適地提供符合客戶需求的產品或服務。

IBM最早提出了智慧商務（Smarter Commerce）的願景

8-1-4 創新科技的支援——虛擬實境與元宇宙

電子商務稱得上是一個普及全球的商務虛擬世界，所有的網路使用者皆是商品的潛在客戶。創新科技輔助是未來電子商務發展的一項利器，提升了資訊在市場交易上的重要性與績效。無論是寬頻網路傳輸、多媒體網頁展示、資料搜尋、虛擬實境、線上遊戲等，這些新技術除了讓使用者感到新奇感之外，更增加了使用者在交易過程的方便性與適合消費者對話的創新方式。

例如「虛擬實境」（Virtual Reality Modeling Language, VRML）的軟硬體技術逐漸走向成熟，將為廣告和品牌行銷業者創造未來無限可能。從娛樂、遊戲、社交平台、電子商務到網路行銷，最近全球又再次掀起了虛擬實境相關產品的搶購熱潮，許多智慧型手機大廠HTC、Sony、Samsung等都積極準備推出新的虛擬實境裝置，創造出新的消費感受與可能的商業應用。

Tips

虛擬實境技術（Virtual Reality Modeling Language, VRML）是一種程式語法，主要是利用電腦模擬產生一個三度空間的虛擬世界，提供使用者關於視覺、聽覺、觸覺等感官的模擬世界，利用此種語法可以在網頁上建造出一個3D的立體模型與立體空間。VRML最大特色在於其互動性與即時反應，可讓設計者或參觀者在電腦中就可以獲得相同的感受，如同身處在眞實世界一般，並且可以與360度全方位場景產生互動。

「Buy＋」計畫引領未來虛擬實境購物體驗

阿里巴巴旗下著名的購物網站淘寶網，將發揮其平台優勢，全面啓動「Buy＋」計畫引領未來購物體驗，向世人展示了利用虛擬實境技術改進消費體驗的構想，戴上連接感應器的VR眼鏡，例如開發虛擬商場或虛擬展廳來展示商品試用商品等，改變了以往2D平面呈現方式，不僅革新了網路行銷的方式，讓消費者有眞實身歷其境的感覺，大大提升虛擬通路的購物體驗，同時提升品牌的印象，爲市場帶來無限商機，也優化了買家的購物體驗，進而提高用戶購買慾和商品出貨率，由此可見建立個性化的VR商店將成爲未來消費者購物的新潮流。

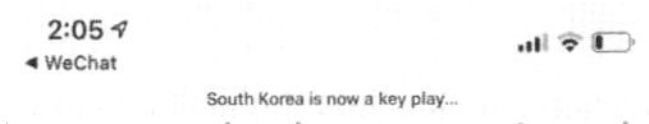

become the latest major pla
gage in the metaverse techr
ce.

By The Global Economics — 4 months

outh Korea is now a key player in VR with the
launch

元宇宙可以看成是下一個世代的網際網路

圖片來源：https://www.theglobaleconomics.com/south-korea-is-now-a-key-player-in-vr-with-the-metaverse-launch/

談到「元宇宙」（Metaverse），多數人會直接聯想到電玩遊戲，其實打造元宇宙商務環境也是在開發一個新的電商經濟模式。元宇宙可以看成是一個與眞實世界互相連結、多人共享的虛擬世界，今天人們可以輕鬆使用VR/AR的穿戴式裝置進入元宇宙，臉書執行長祖克柏就曾表示「元宇宙就是下一世代的網際網路（Internet）」，並希望將臉書從社群平台轉型爲Metaverse公司，隨後臉書在美國時間2021年10月28日改名爲「Meta」。

Vans服飾推出滑板主題的元宇宙世界——Vans World來行銷品牌

因爲當實體世界的聯繫變得薄弱，自然人們在虛擬空間留存和互動的時間就會增加。目前有越來越多店家或品牌都正以「元宇宙」（Metaverse）技術，來提供新服務、宣傳產品及吸引顧客，並期望透過元宇宙的「沉浸感」吸引消費者目光與提升購物體驗，透過賦予人們在虛擬數位世界中的無限表達能力，創造出能吸引消費者的元宇宙沉浸式體驗。

8-2 電子商務與大數據

自從2010年開始全球資料量已進入ZB（Zettabyte）時代，並且每年以60～70%的速度向上攀升，面對不斷擴張的驚人資料量，大數據（Big

Data）的儲存、管理、處理、搜尋、分析等處理資料的能力也將面臨新的挑戰。現在電子商務發展迅速，針對大數據的分析結果，業者必須能夠提供消費者要的資訊，才具有分析的意義。例如2017年「雙十一購物狂歡節」，阿里巴巴網站能夠即時顯示線上交易狀況，正是大數據的運用。大數據技術將推動電子商務朝向更精細化發展，從資料分析中獲取更新的商業資訊，企業可以更準確地判斷消費者需求與了解客戶行為，制定出更具市場競爭力的行銷方案，看來將是電子商務下一階段的發展課題。

透過大數據分析就能提供用戶最佳路線建議

Google Map就能快速又準確地提供即時交通資訊

智慧型手機興起更加快大數據的高速發展，更為大數據帶來龐大的應用願景。例如國內最大的美食社群平台「愛評網」（iPeen），擁有超過10萬家的餐飲店家，每月使用人數高達216萬人，致力於集結全臺灣的美食，形成一個線上資料庫，愛評網已經著手在大數據分析的部署策略，並結合LBS和「愛評美食通」App來完整收集消費者行為，並且對銷售資訊進行更深層的詳細分析，讓消費者和店家有更緊密的互動關係。

國內最大的美食社群平台「愛評網」（iPeen）

8-2-1 大數據簡介

大數據（又稱大資料、大數據、海量資料，Big Data），是由IBM於2010年提出，主要特性包含三種層面：大量性（Volume）、速度性（Velocity）及多樣性（Variety）。大數據的應用技術，已經顛覆傳統的資料分析思維，所謂大數據是指在一定時效（Velocity）內進行大量（Volume）且多元性（Variety）資料的取得、分析、處理、保存等動作。而多元性資料型態則包括如：文字、影音、網頁、串流等結構性及非結構性資料。另外，在維基百科的定義，則是指無法使用一般常用軟體在可容忍時間內進行擷取、管理及處理的大量資料。

我們可以這麼解釋：大數據其實是巨大資料庫加上處理方法的一個總稱，而大數據的相關技術，則是針對這些大數據進行分析、處理、儲存及應用。各位可以想想看，如果處理這些大數據，無法在有效時間內快速取得所要的結果，就會大為降低取得這些資料所產生的資訊價值。

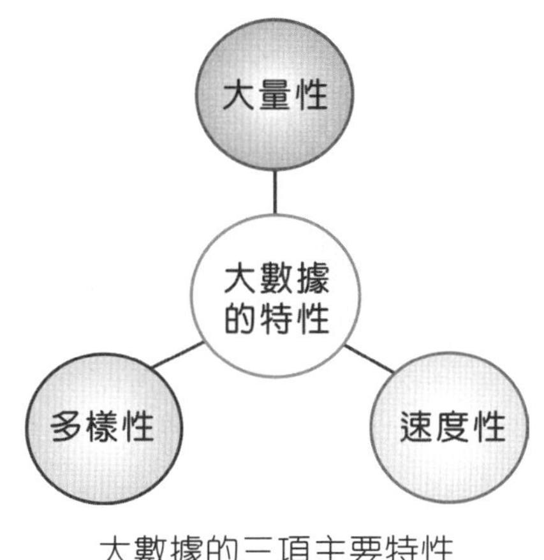

大數據的三項主要特性

8-2-2 大數據的規模與應用

大數據處理指的是對大規模資料的運算和分析，例如網路的雲端運算平台，每天是以quintillion（百萬的三次方）位元組的增加量來擴增，所謂quintillion位元組約等於10億GB，尤其在現在網路講究資訊分享的時代，資料量很容易達到TB（Tera Bytes），甚至上看PB（Peta Bytes）。沒有人能告訴各位，超過哪一項標準的資料量才叫巨量，如果資料量不大，可以使用電腦及常用的工具軟體慢慢算完，就用不到大數據的專業技術，也就是說，只有當資料量巨大且有時效性的要求，較適合應用海量技術進行相關處理動作。爲了讓各位實際了解這些資料量到底有多大，筆者整理了下表，提供給各位作爲參考：

1 Byte（位元組）= 8 Bits（位元）

1 Kilobyte（仟位元組）= 1000 Bytes

1 Megabyte = 1000 Kilobytes = 1000^2 Kilobytes

1 Gigabyte = 1000 Megabytes = 1000^3 Kilobytes

1 Terabyte = 1000 Gigabytes = 1000^4 Kilobytes

1 Petabyte = 1000 Terabytes = 1000^5 Kilobytes

1 Exabyte = 1000 Petabytes = 1000^6 Kilobytes

1 Zettabyte = 1000 Exabytes = 1000^7 Kilobytes

1 Yottabyte = 1000 Zettabytes = 1000^8 Kilobytes

1 Brontobyte = 1000 Yottabytes = 1000^9 Kilobytes

1 Geopbyte = 1000 Brontobyte = 1000^{10} Kilobytes

大數據現在不只是資料處理工具，更是一種企業思維和商業模式。大數據揭示的是一種「資料經濟」的精神。長期以來企業經營往往仰仗人的決策方式，導致決策結果不如預期，日本野村高級研究員城田眞琴曾經指出：「與其相信一人的判斷，不如相信數千萬人的資料。」她的談話一語道出了大數據分析所帶來商業決策上的價値，因爲採用大數據可以更加精準的掌握事物的本質與訊息，就以目前相當流行的Facebook爲例，爲了記錄每一位好友的資料、動態消息、按讚、打卡、分享、狀態及新增圖片，因爲Facebook的使用者人數衆多，要取得這些資料必須藉助各種不同的大數據技術，接著Facebook才能利用這些取得的資料去分析每個人的喜好，再投放他感興趣的廣告或粉絲團或朋友。

Facebook背後包含了巨量資訊的處理技術

阿里巴巴創辦人馬雲在德國CeBIT開幕式上如此宣告：「未來的世界，將不再由石油驅動，而是由數據來驅動！」隨著電子商務、社群媒體、雲端運算及智慧型手機構成的資料經濟時代，近年來不但帶動消費方式的巨幅改變，更爲大數據帶來龐大的應用願景。

星巴克咖啡利用大數據將顧客進行分級，找出最有價值的顧客

在國內外許多擁有大量顧客資料的企業，都紛紛感受到這股如海嘯般來襲的大數據浪潮，這些大數據中遍地是黃金，不少企業更是從中嗅到了商機。大數據分析技術是一套有助於企業組織大量蒐集、分析各種數據資料的解決方案。大數據相關的應用，不完全只有那些基因演算、國防軍事、海嘯預測等資料量龐大才需要使用大數據技術，甚至橫跨電子商務、決策系統、廣告行銷、醫療輔助或金融交易等，都有機會使用大數據相關技術。

大數據是協助New Balance精確掌握消費者行為的最佳工具

如果各位曾經有在Amazon購物的經驗，一開始就會看到一些沒來由的主動推薦，因爲Amazon商城會根據客戶瀏覽的商品，從已建構的大數據庫中整理出曾經瀏覽該商品的所有人，然後會給這位新客戶一份建議清單，建議清單中會列出曾瀏覽這項商品的人也會同時瀏覽過哪些商品。由這份建議清單，新客戶可以快速做出購買的決定，讓Amazon與顧客之間的關係更加緊密，而這種大數據技術也確實爲Amazon商城帶來更大量的商機與利潤。

Amazon應用大數據提供更優質的個人化購物體驗

大數據除了網路行銷領域的應用外，我們的生活中是不是有許多重要的事需要利用大數據來解決呢？就以醫療應用爲例，爲了避免醫生的疏失，美國醫療機構與IBM推出IBM Watson醫生診斷輔助系統，首先醫生會對病人問幾個病徵問題，Watson醫生診斷輔助系統則會跟從巨量數據分析的角度，幫醫生列出更多的病徵選項，以降低醫生疏忽的機會。

8-3 電子商務與人工智慧

Amazon推出的智慧無人商店Amazon Go

在這個大數據時代，資料科學的狂潮不斷地推動著這個世界，加上大數據給了人工智慧的發展提供了前所未有的機遇，人工智慧儼然是未來科技發展的主流趨勢。近幾年人工智慧的應用領域越來越廣泛，主要原因之一就是GPUs加速運算日漸普及，使得平行運算的速度更快與成本更低廉，我們也因人工智慧而享用許多個人化的服務、生活變得也更為便利。

Tips

「圖形處理器」（Graphics Processing Unit, GPU）可說是近年來科學計算領域的最大變革，是指以圖形處理單元（GPU）搭配CPU的微處理器，GPU則含有數千個小型且更高效率的CPU，不但能有效處理平行運算（Parallel Computing），還可以大幅增加運算效能，藉以加速科學、分析、遊戲、消費和人工智慧應用。

以人工智慧取代傳統人力進行各項電子商務業務已成為世界趨勢，有75%的電子商務時尚品牌，將在未來兩年內投資AI，因為AI能夠讓消費者找到喜歡和想要的商品。將來決定這些AI服務能不能獲得更好發揮的關鍵，除了得靠目前最熱門的機器學習（Machine Learning, ML）的研究，甚至得借助深度學習（Deep Learning, DL）的類神經演算法，才能更容易透過人工智慧解決行銷策略方面的問題與有更卓越的表現。

8-3-1 機器學習

機器學習是大數據與人工智慧發展中相當重要的一環，機器透過演算法來分析數據、在大數據中找到規則。機器學習是大數據發展的下一個進程，給予電腦大量的「訓練資料（Training Data）」，可以發掘多資料元變動因素之間的關聯性，進而自動學習並且做出預測，充分利用大數據和演算法來訓練機器，機器再從中找出規律，學習如何將資料分類。各位應該都有在YouTube觀看影片的經驗，YouTube致力於提供使用者個人化的服務體驗，包括改善電腦及行動網頁的內容，近年來更導入了機器學習的技術，來打造YouTube影片推薦系統，特別是Youtube平台加入了不少個人化變項，過濾出觀賞者可能感興趣的影片，並顯示在「推薦影片」中。

YouTube透過TensorFlow技術過濾出受眾感興趣的影片

8-3-2 深度學習

電商AI客服也是深度學習的應用之一

圖片來源：https://www.digiwin.com/tw/blog/5/index/2578.html

「深度學習」算是AI的一個分支，也可以看成是具有層次性的機器學習法，源自於「類神經網路」（Artificial Neural Network）模型，並且結合了神經網路架構與大量的運算資源，目的在於讓機器建立與模擬人腦進行學習的神經網路，以解釋大數據中圖像、聲音和文字等多元資料。店家與品牌除了致力於運用電子商務來吸引購物者，同時也在探索新的方法，以即時收集資料並提供量身打造的商品建議。深度學習不但能解讀消費者及群體行為的的歷史資料與動態改變，更可能預測消費者的潛在慾望與突發情況，能應對未知的情況，設法激發消費者的購物潛能，獨立找出分眾消費的數據，進而提供高相連度的未來購物可能推薦與更好的用戶體驗。

Tips

類神經網路就是模仿生物神經網路的數學模式，取材於人類大腦結構，使用大量簡單而相連的人工神經元（Neuron）來模擬生物神經細胞受特定程度刺激來反應刺激架構為基礎的研究，這些神經元將基於預先被賦予的權重，各自執行不同任務，只要訓練的歷程越扎實，這個被電腦系所預測的最終結果，接近事實真相的機率就會越大。

本章習題

1. 企業如何能在電子商務市場中脫穎？
2. 請說明何謂宅經濟？
3. 試說明離線商務模式（Online To Offline, O2O）。
4. 何謂「智慧家電」（Information Appliance）？請簡單說明。
5. 請簡述大數據的特性。
6. 請簡述Hadoop技術。
7. 請簡介Spark。
8. 什麼是零售4.0時代？
9. 請簡介GPU（Graphics Processing Unit）。
10. 請簡述人工智慧（Artificial Intelligence, AI）。
11. 機器學習（Machine Learning, ML）是什麼？有哪些應用？

附錄

習題解答

第一章

1. 所謂跨境電商是全新的一種國際電子商務貿易型態，指的就是消費者和賣家在不同的關境（實施同一海關法規和關稅制度境域）交易主體，透過電子商務平台完成交易、支付結算與國際物流送貨、完成交易的一種國際商業活動，就像打破國境通路的圍籬，網路外銷全世界，讓消費者滑手機，就能直接購買全世界任何角落的商品。
2. 網路經濟（Network Economy）：就是利用網路通訊進行傳統的經濟活動的新模式，網路經濟帶來了與傳統經濟方式完全不同的改變，最重要的優點就是可以去除傳統中間化，降低市場交易成本，而讓自由市場更有效率地運作。對於網路效應（Network Effect）而言，有一個很大的特性就是產品的價值取決於其總使用人數，透過網路無遠弗屆的特性，也就是越多人有這個產品，那麼它的價值便越高。
3. 企業對企業間（Business to Business，簡稱B2B）的電子商務、企業對消費者間（Business to Customer，簡稱B2C）的電子商務、消費者對消費者間（Customer to Customer，簡稱C2C）的電子商務及消費者對企業間（Customer to Business，簡稱C2B）的電子商務。
4. 入口網站（Portal）是進入WWW的首站或中心點，它讓所有類型的資訊能被所有使用者存取，提供各種豐富個別化的服務與導覽連結功能，並讓所有類型的資訊能被所有使用者存取。

5. 經營模式（Business Model）是一家企業處理其與客戶和上下游供應商相關事務的方式，更涵括市場定位、盈利目標與創造價值的方法，也就是描述企業如何創造價值與傳遞價值給顧客，並且從中獲利的模式，更是整個商業計畫的核心。
6. 由於近年來C2C通路模式不斷發展和完善，以C2C精神發展的「共享經濟」（The Sharing Economy）模式正在日漸成長，這樣的經濟體系是讓每個人都有額外創造收入的可能，就是透過網路平台所有的產品、服務都能被大眾使用、分享與出租的概念。共享經濟的成功取決於建立互信，以合理的價格與他人共享資源，同時讓閒置的商品和服務創造收益。例如類似計程車「共乘服務」（Ride-sharing Service）的Uber，絕大多數的司機都是非專業司機，開的是自己的車輛，大家可以透過網路平台，只要家中有空車，人人都能提供載客服務。
7. 使用SSL的優點是消費者不需要經過任何認證的程序，就能夠直接解決資料傳輸的安全問題。當商家將資料內容還原準備向銀行請款時，這時候商家就會知道消費者的個人資料。如果商家心懷不軌，還是有可能讓資料外洩，或者可能有不肖的員工盜用消費者的信用卡在網路上買東西等問題。不過SSL協定並無法完全保障資料在傳送的過程中不會被擷取解密，還是有可能遭有心人破解加密後的資料。
8. 通訊、商業流程、線上、服務。
9. 所謂電子商務自貿區是發展跨境電子商務方向的專區，開放外資在區內經營電子商務，配合自貿區的通關便利優勢與提供便利及進口保稅、倉儲安排、物流服務等，並且設立有關跨境電商的服務平台，向消費者展示進口商品，進而大幅促進區域跨境電商發展與便利化的制度環境。
10. 雲端運算是一種電腦運算的概念，雲端運算可以讓網路上不同的電腦以一種分散式運算的方式同時幫你處理資料或進行運算。簡單來說，雲端運算就是所有的資料全部丟到網路上處理。

11. (1)軟體即服務（Software as a Service, SaaS）、(2)平台即服務（Platform as a Service, PaaS）、(3)基礎架構即服務（Infrastructure as a Service, IaaS）。

第二章

1. 資訊流指的是網站的架構，一個線上購物網站最重要的就是整個網站規劃流程，能夠讓使用者快速找到自己需要的商品。網站上的商品不像眞實的賣場可以親自感受商品或試用，因此商品的圖片、詳細說明與各式各樣的促銷活動就相當重要，規劃良好的資訊流是電子商務成功很重要的因素。
2. 供應鏈管理（Supply Chain Management, SCM）理論的目標是將上游零組件供應商、製造商、流通中心，以及下游零售商上下游供應商成爲夥伴，以降低整體庫存之水準或提高顧客滿意度爲宗旨。
3. 網路銀行係指客戶透過網際網路與銀行電腦連線，無需受限於銀行營業時間、營業地點，隨時隨地從事資金調度與理財規劃，並可充分享有隱密性與便利性，直接取得銀行所提供之各項金融服務。
4. 隨選視訊是一種嶄新的視訊服務，使用者可不受時間、空間的限制，透過網路隨選並即時播放影音檔案，由於影音檔案較大，爲了能克服檔案傳輸的問題，VoD使用串流技術來傳輸，也就是不需要等候檔案下載完。
5. 電子採購（e-Procurement），是指在企業間的採購電子化，利用網路技術將採購過程脫離傳統的手動作業流程，大量向產品供應商或零售商訂購，能夠大幅提升採購與發包作業效率。
6. 電子商務的本質是商務，商務的核心就是商流，「商流」是指交易作業的流通，或是市場上所謂的「交易活動」，是各項流通活動的主軸，代表資產所有權的轉移過程。
7. 物流（Logistics）是電子商務模型的基本要素，定義是指產品從生產者移轉到經銷商、消費者的整個流通過程，透過有效管理程序，並結合包括倉儲、裝卸、包裝、運輸等相關活動。

8. 設計流泛指網站的規劃與建立，涵蓋範圍包含網站本身和電子商圈的商務環境，就是依照顧客需求所研擬之產品生產、產品配置、賣場規劃、商品分析、商圈開發的設計過程。

9. 當消費者在網路上購買後會產生一組繳費代碼，只要取得代碼後，在超商完成繳費就可立即取得服務，全國的任何一家便利商店付款皆可。

10. 劃撥轉帳付款、信用卡傳真付款與線上信用卡付款。

11. 「電子錢包」是一種SET安全交易機制的實際應用。消費者在網路購物前必須先安裝電子錢包軟體，才能進行交易。除了能夠確認消費者與商家的身分，以及將傳輸的資料加密外，它還能記錄與儲存交易的內容，以作爲日後查詢，而且也沒有在線上刷卡時，可能洩露個人資料的顧慮。

12. 比特幣是一種不依靠特定貨幣機構發行的全球通用加密電子貨幣，和線上遊戲虛擬貨幣相比，比特幣可說是這些虛擬貨幣的進階版，比特幣是透過特定演算法大量計算產生的一種P2P形式虛擬貨幣，它不僅是一種資產，還是一種支付的方式。

13. 「非同質化代幣」（Non-Fungible Token, NFT）屬於數位加密貨幣的一種，是一個非常適合用來作爲數位資產的憑證，代表著世界上獨一無二、無法用其他東西取代的物件，交易資訊皆被透明標誌記錄，也是一種以區塊鏈作爲背景技術的虛擬資產，更是新一代科技人投資及獲利工具。每個代幣可以代表一個獨特的數位資料，例如圖畫、音檔、影片等，和比特幣、以太幣或萊特幣等這些同質化代幣完全不同，NFT擁有獨一無二的識別代碼，未來在電子商務領域，會有非常多的應用空間。

第三章

1.「企業再造工程」（Business Reengineering）是目前「資訊管理」科學中相當流行的課題，所闡釋的精神是如何運用最新的資訊工具，包括企業決策模式工具、經濟分析工具、通訊網路工具、電腦輔助軟體工程、活動模擬工具等，來達成企業崇高的嶄新目標。

2.「企業電子化」的定義可以描述如下：適當運用資訊工具；包括企業決策模式工具、經濟分析工具、通訊網路工具、活動模擬工具、電腦輔助軟體工具等，來協助企業改善營運體質與達成總體目標。

3.提供更好服務品質、增進企業員工競爭力、提升整體作業效率。

4.全面性導入方式、漸近式導入方式、快速導入方式。

5.ERP II是2000年由美國管理諮詢公司加特納公司在原有ERP的基礎上擴展後提出的新概念，相較於傳統ERP專注於製造業應用，更能有效應用網路IT技術及成熟的資訊系統工具，還可整合於產業的需求鏈及供應鏈中，也就是向外延伸至企業電子化領域內的其他重要流程。

6.目標在有效地從多面向取得顧客的資訊，就是建立一套資訊化標準模式，運用資訊技術來大量收集且儲存客戶相關資料，加以分析整理出有用資訊，並提供這些資訊用來輔助決策的完整程序。

7.操作型（Operational）、分析型（Analytical）和協同型（Collaborative）三大類CRM系統。

8.供應鏈管理（SCM）是一個企業與其上下游的相關業者所構成的整合性系統，包含從原料流動到產品送達最終消費者手中的整條鏈上的每一個組織與組織中的所有成員，形成了一個層級間環環相扣的連結關係，爲的就是在一個令顧客滿意的服務水準下，使得整體系統成本最小化。

9.企業建置資料倉儲的目的是希望整合企業的內部資料，並綜合各種整體外部資料來建立一個資料儲存庫，是作爲支援決策服務的分析型資料庫，能夠有效的管理及組織資料，並能夠以現有格式進行分析處理，進而幫助決策的建立。

10. 線上分析處理（Online Analytical Processing, OLAP）可被視爲是多維度資料分析工具的集合，使用者在線上即能完成關聯性或多維度資料庫（例如資料倉儲）的資料分析作業，並能即時快速地提供整合性決策，主要是提供整合資訊，以作爲決策支援爲主要目的。
11. 對於企業來說，知識可區分爲內隱知識與外顯知識兩種，內隱知識存在於個人身上，與員工個人的經驗與技術有關，是比較難以學習與移轉的知識；外顯知識則是存在於組織，比較具體客觀，屬於團體共有的知識，例如已經書面化的製造程序或標準作業規範，相對也容易保存與分享。
12. 優點是有計畫地爲一個目標需求量（市場預測）提供平均最低成本與最有效率的產出原則，容易達到經濟規模成本最小化，不過缺點是可能導致市場需求不如預期時，容易造成長鞭效應，推出的越多，庫存風險與損失就越大。

第四章

1. 所謂的行動商務，簡單的說，就是「使用者藉由行動終端設備（如：手機、Smart Phone、PDA、筆記型電腦等），透過無線網路通訊的方式，進行商品、服務或是資訊交易的行爲」。
2. App是application的縮寫，也就是移動式設備上的應用程式，是軟體開發商針對智慧型手機及平版電腦所開發的一種應用程式，App涵蓋的功能包括了圍繞於日常生活的的各項需求。
3. App Store是蘋果公司基於iPhone的軟體應用商店，所開創的一個讓網路與手機相融合的新型經營模式，讓iPhone用戶可透過手機或上網購買或免費試用裡面的軟體，只需要在App Store程式中點幾下，就可以輕鬆的更新並且查閱任何軟體的資訊。
4. QR碼（Quick Response Code）是由日本Denso-Wave公司發明的二維

條碼，QR Code不同於一維條碼皆以線條粗細來編碼，利用線條與方塊所結合而成的編碼，比以前的一維條碼有更大的資料儲存量，除了文字之外，還可以儲存圖片、記號等相關訊。

5. NFC瞄準行動裝置市場，以13.56MHz頻率範圍運作，可讓行動裝置在20公分近距離內進行交易存取，目前以智慧型手機爲主，因此成爲行動交易、服務接收工具的最佳解決方案。
6. 無線射頻辨識技術（Radio Frequency Identification, RFID），就是一種非接觸式自動識別系統，可以利用射頻訊號以無線方式傳送及接收數據資料。RFID是一種內建無線電技術的晶片，主要是包括詢答器（Transponder）與讀取機（Reader）兩種裝置。
7. NFC手機信用卡必須將既有信用卡或金融卡予以汰換，改採支援NFC的新卡片，而且只能綁一個卡號，還必須更換帶NFC功能的手機，這造成了用戶使用成本高，但優點是「嗶一聲」就可快速刷卡完畢。
8. 行動支付（Mobile Payment），就是指消費者透過手持式行動裝置對所消費的商品或服務進行帳務支付的一種支付方式。

第五章

1. 金融科技（Financial Technology, FinTech）是指一群企業運用科技手段來讓各式各樣的金融服務變得更有效率，簡單來說，現代金融科技引發了許多破壞式創新，都是這個趨勢所應運出新服務的角色。
2. 社群行銷（Social Media Marketing）就是透過各種社群媒體網站，讓企業吸引顧客注意而增加流量的方式。
3. 訊息傳播、粉絲交流、社群擴散、購買動機。
4. 購買者與分享者的差異性、品牌建立的重要性、累進式的行銷傳染性、圖片表達的優先性。
5. 「粉絲」是愛好者，要成爲他人「粉絲」，以Plurk爲例，只要在該人的Plurk頁面按了追蹤按鈕，如此一來，就可以在自己的河道上看到該人所發出的訊息。而「朋友」則是經過雙方確認過的、互爲粉絲的兩個人，所以兩個人都可以在自己的河道上看到對方的訊息。

6. Instagram是一個結合手機拍照與分享照片機制的新社群軟體，目前有超過6億的全球用戶。Instagram操作相當簡單，而且即時、高隱私與互動交流方便，時下許多年輕人會發布圖片搭配簡單的文字來抒發心情。
7. 限時動態（Stories）功能相當受到年輕世代喜愛，能讓臉書的會員以動態方式來分享創意影像，跟其他社群平台不同的地方，是多了很多有趣的特效和人臉辨識互動玩法。這樣限時消失的功能主要源自於相當受到歐美年輕人喜愛的SnapChat社群平台，推出14個月以來，臉書限時動態每日經常用戶數已達到1.5億。限時動態功能會將所設定的貼文內容於24小時之後自動消失，除非使用者選擇同步將照片或影片發布在動態時報上，不然照片或影片會在限定的時間後自動消除。
8. 首次使用Instagram登入，可以選擇以Facebook帳號或是以電話號碼、電子郵件來註冊。Instagram較特別的地方是「用戶名稱」可以和姓名不同。
9. 所謂社群商務的定義就是社群與商務的組合名詞，透過社群平台獲得更多顧客，由於社群中的人們彼此會分享資訊，相互交流間接產生了依賴與歸屬感，利用社群平台的特性鞏固粉絲與消費者，不但能提供消費者在社群空間討論分享與溝通，又能滿足消費者的購物慾望，更進一步創造企業或品牌更大的商機。

第六章

1. 電子商務網站的架構，主要是由伺服器端的網站以及客戶端的瀏覽器兩個部分來組成；伺服器網站主要提供資訊服務，而客戶端瀏覽器則是向網站提出瀏覽資訊的要求。
2. 本階段工作著重於每一個網站程式內部邏輯、輸出資料是否正確與整合後所有程式能否滿足系統需求，測試各個子系統無誤後，再進行系統的整合測試，其中高峰的壓力測試及網路安全性測試必須特別重視。

3. 網站製作完成之後，首要工作就是幫網站找個家，也就是俗稱的「網頁空間」。常見的架站方式主要有虛擬主機、主機代管與自行架設等三種方式。

4. 全球資訊網協會（W3C）於2009年發表了「第五代超文本標示語言」（HTML5）公開的工作草案，是HTML語法下一個的主要修訂版本，不同於現在我們瀏覽網頁常用的標準HTML4.0，HTML5提供了令人相當期待的特色，新增的功能除了可讓頁面原始語法更爲精簡外，還能透過網頁語法來強化網頁控制元件和應用支援，以往需要加裝外掛程式才能顯示的特效，目前都能直接透過瀏覽器開啓直接在網頁上提供互動式360度產品展現。

5. 「虛擬主機」（Virtual Hosting）是網路業者將一台伺服器分割模擬成爲很多台的「虛擬」主機，讓很多個客戶共同分享使用，平均分攤成本，也就是請網路業者代管網站的意思，對使用者來說，可以省去架設及管理主機的麻煩。

   優點：可節省主機架設與維護的成本、不必擔心網路安全問題，可使用自己的網域名稱（Domain Name）。

   缺點：有些ISP業者會有網路流量及頻寬限制，隨著主機系統不同能支援的功能（如ASP、PHP、CGI）也不盡相同。

6. 主機代管（Co-location）是企業需要自行購置網路主機，又稱爲網路設備代管服務，乃是使用ISP公司的資料中心機房放置企業的網路設備，每月支付一筆費用，也使用ISP公司的網路系統來架設網站。

7. osCommerce（Open Source e-osCommerce，簡稱OSC）是目前全球使用量最大的免費電子商務架站軟體，是遵循GUN GPL授權原則，公開原始碼的套件，並允許任何人自由下載、傳播與修改。利用osCom-

merce建置的網路商店包含使用者選購介面及商店管理兩部分，不需要另外花錢請設計團隊設計網站，相當節省成本，也可以自行更換網站外觀設計，受到許多私人與企業主的青睞。

8. 我們可以分別從網站使用率（Web Site Usage）、財務獲利（Financial Benefits）、交易安全（Transaction Security）與品牌效應（Brand Effect）4個面向來討論。
9. 網站流量是從各位的網站空間所讀出的資料大小就稱流量，沒有流量就沒有了人氣基礎。點擊數則是一個沒有實際經濟價值的人氣指標。

第七章

1. 可以找音樂著作的著作權仲介團體洽談。
2. 情書也是受到著作權法保護的語文著作，未經作者同意而隨便公開別人的情書，是一種侵害別人公開發表權的行為。
3. 資訊精確性的精神就在討論資訊使用者擁有正確資訊的權利或資訊提供者提供正確資訊的責任，也就是除了確保資訊的正確性、眞實性及可靠性外，還要規範提供者如提供錯誤的資訊，所必須負擔的責任。
4. 指以有線電、無線電之網路或其他通訊方法，藉聲音或影像向公眾提供或傳達著作內容，包括使公眾得於其各自選定之時間或地點，以上述方法接收著作內容。
5. 例如將網路上所收集的圖片燒成1張光碟、拷貝電腦遊戲程式送給同學、將大補帖的軟體灌到個人電腦上、電腦掃描或電腦列印等行為都違反重製權。侵害重製權，將處以六月以上三年以下有期徒刑，得併科新臺幣20萬元以下罰金。
6. 所謂「快取」（Caching）功能，就是電腦或代理伺服器會複製瀏覽過的網站或網頁在硬碟中，以加速日後瀏覽的連結和下載。也就是藉由「快取」的機制，瀏覽器可以減少許多不必要的網路傳輸時間，並加快網頁顯示速度。通常「快取」方式可以區分為「個人電腦快取」與

「代理伺服器快取」兩種。

7. 不論有無破壞行爲，都已構成了侵權的舉動。之前曾發生有人入侵政府機關網站，並將網頁圖片換成色情圖片，或者有學生入侵學校網站竄改成績，這樣的行爲已經構成刑法「入侵電腦罪」、「破壞電磁紀錄罪」、「干擾電腦罪」等，應該依相關規定處分。
8. 例如在公共場所及不特定人，演奏或表演如音樂、舞蹈、戲劇、樂器等內容，或在大賣場公開播放唱片、CD（包括使用擴音器）或在街頭自演奏或表演音樂都必須取得公開演出權。
9. 合法購買正版軟體的所有人，可以因爲「備份存檔」之需要複製1份，但僅能作爲備份，不能借給別人使用。
10. 由於影片中播放了該私人的畫作，如該畫作屬於著作權法保護之著作，當然涉及畫面重製之行爲。最好應徵得著作財產權人同意，如果利用程度輕微，或可合於著作權法之合理使用規定的情形。
11. 因爲單機版的作業系統程式，只限1台機器使用，如將該作業系統安裝在一台以上電腦內使用，則是侵害重製權的行爲。
12. (1)姓名表示權：著作人對其著作有公開發表、出具本名、別名與不具名之權利。
    (2)禁止不當修改權：著作人就此享有禁止他人以歪曲、割裂、竄改或其他方法改變其著作之內容、形式或名目致損害其名譽之權利。例如要將金庸的小說改編成電影，金庸就能要求是否必須忠於原著，能否省略或容許不同的情節。
    (3)公開發表權：著作人有權決定他的著作要不要對外發表，如果要發表的話，決定什麼時候發表，以及用什麼方式來發表，但一經發表這個權利就消失了。
13. 所謂著作權法的「合理使用原則」，就是即使未經著作權人之允許而重製、改編及散布仍是在合法範圍內。其中的判斷標準包括使用的目的、著作的性質、占原著作比例原則與對市場潛在影響等。

14. 電腦程式合法持有人擁有該軟體得使用權，而非著作權，可以修改程式與備份存檔，但僅限於自己使用，並且一套軟體不得安裝於多台電腦。
15. 著作人死亡後，著作財產權存續期間是著作人的生存期間加上其死後50年。對於侵害著作權之行爲，除遺囑另有指定之外，以配偶請求救濟的優先權最高，子女次之。
16. 資訊倫理的適用對象，包含了廣大的資訊從業人員與使用者，範圍則涵蓋了使用資訊與網路科技的態度與行爲，包括資訊的搜尋、檢索、儲存、整理、利用與傳播，凡是探究人類使用資訊行爲對與錯之道德規範，均可稱爲資訊倫理。資訊倫理最簡單的定義，就是利用和面對資訊科技時相關的價值觀與準則法律。
17. 資訊素養（Information Literacy）可以看成是個人對於資訊工具與網路資源價值的了解與執行能力，更是未來資訊社會生活中必備的基本能力。
18. Richard O. Mason在1986年時，提出以資訊隱私權（Privacy）、資訊精確性（Accuracy）、資訊財產權（Property）、資訊使用權（Access）等四類議題來界定資訊倫理，因而稱爲PAPA理論。

第八章

1. 企業是否能在電子商務市場中脫穎而出，必須要學會從販賣商品轉變爲經營會員，也就是要懂得客戶的維護，就是以最好的CP值去滿足消費者的需求。如何積累並捕獲消費者對商品評價的數據，最後自然而然能夠創造商業價值。
2. 宅經濟這個名詞迅速火紅，在許多報章雜誌中都可以看見它的身影，它訴求不必出門，就能很輕易搜尋到全世界各地的產品資訊，只要動動手指頭，在網路上就能輕鬆購物，每一樣商品都可以宅配到家。
3. O2O就是整合「線上（Online）」與「線下（Offline）」兩種不同平

台所進行的一種行銷模式，因爲消費者也能「Always Online」，讓線上與線下能快速接軌，透過改善線上消費流程，直接帶動線下消費，消費者可以直接在網路上付費，而在實體商店中享受服務或取得商品，全方位滿足顧客需求。

4. 「智慧家電」（Information Appliance）是從電腦、通訊、消費性電子產品3C領域匯集而來，是一種可以做資料雙向交流與智慧判斷的應用裝置，也就是泛指作爲連結上網或是於原有功能中加入上網機制等家電裝置的統稱

5. Big Data大數據（又稱大資料、大數據、海量資料），是由IBM於2010年提出，主要特性包含三種層面：大量性（Volume）、速度性（Velocity）及多樣性（Variety）。

6. Hadoop是Apache軟體基金會因應雲端運算與大數據發展所開發出來的技術，使用Java撰寫並免費開放原始碼，用來儲存、處理、分析大數據的技術，優點在於有良好的擴充性，程式部署快速等，同時能有效地分散系統的負荷。

7. 最近快速竄紅的Apache Spark，是由加州大學柏克萊分校的AMPLab所開發，是目前大數據領域最受矚目的開放原始碼（BSD授權條款）計畫，Spark相當容易上手使用，可以快速建置演算法及大數據資料模型，目前許多企業也轉而採用Spark作爲更進階的分析工具，是目前相當看好的新一代大數據串流運算平台。

8. 零售4.0時代是在「社群」與「行動載具」的迅速發展下，朝向行動裝置等多元銷售、支付和服務通路，消費者掌握了主導權，再無時空或地域國界限制，從虛實整合到朝向全通路（Omni-Channel），迎接以消費者爲主導的無縫零售時代。

9. GPU（Graphics Processing Unit）可說是近年來科學計算領域的最大變革，是指以圖形處理單元（GPU）搭配CPU，GPU則含有數千個小型且更高效率的CPU，不但能有效處理平行運算（Parallel Comput-

ing），還可以大幅增加運算效能，藉以加速科學、分析、工程、消費和企業應用，GPU應用更因爲人工智慧的快速發展開始有了截然不同的新轉變。

10. 人工智慧（Artificial Intelligence, AI）的概念最早是由美國科學家John McCarthy於1955年提出，目標爲使電腦具有類似人類學習解決複雜問題與展現思考等能力，舉凡模擬人類的聽、說、讀、寫、看、動作等的電腦技術，都被歸類爲人工智慧的可能範圍。簡單地說，人工智慧就是由電腦所模擬或執行，具有類似人類智慧或思考的行爲，例如推理、規畫、問題解決及學習等能力。
11. 機器學習（Machine Learning, ML）是大數據與人工智慧發展相當重要的一環，算是人工智慧其中一個分支，機器透過演算法來分析數據、在大數據中找到規則。機器學習是大數據發展的下一個進程，可以發掘多資料元變動因素之間的關聯性，進而自動學習並且做出預測，充分利用大數據和演算法來訓練機器，讓它學習如何執行任務，其應用範圍相當廣泛，從健康監控、自動駕駛、機台自動控制、醫療成像診斷工具、工廠控制系統、檢測用機器人到網路行銷領域。

國家圖書館出版品預行編目(CIP)資料

創新電子商務入門與應用／數位新知著. --
初版. -- 臺北市：五南圖書出版股份有限
公司, 2024.10
面； 公分
ISBN 978-626-393-823-6(平裝)

1.CST: 電子商務

490.29 113014582

5R61

創新電子商務入門與應用

作　　者— 數位新知（526）
企劃主編— 王正華
責任編輯— 張維文
文字校對— 吳韻如
封面設計— 封怡彤
出 版 者— 五南圖書出版股份有限公司
發 行 人— 楊榮川
總 經 理— 楊士清
總 編 輯— 楊秀麗
地　　址：106台北市大安區和平東路二段339號4樓
電　　話：(02)2705-5066　　傳　　真：(02)2706-6100
網　　址：https://www.wunan.com.tw
電子郵件：wunan@wunan.com.tw
劃撥帳號：01068953
戶　　名：五南圖書出版股份有限公司
法律顧問　林勝安律師
出版日期　2024年10月初版一刷
定　　價　新臺幣350元

經典永恆・名著常在

五十週年的獻禮——經典名著文庫

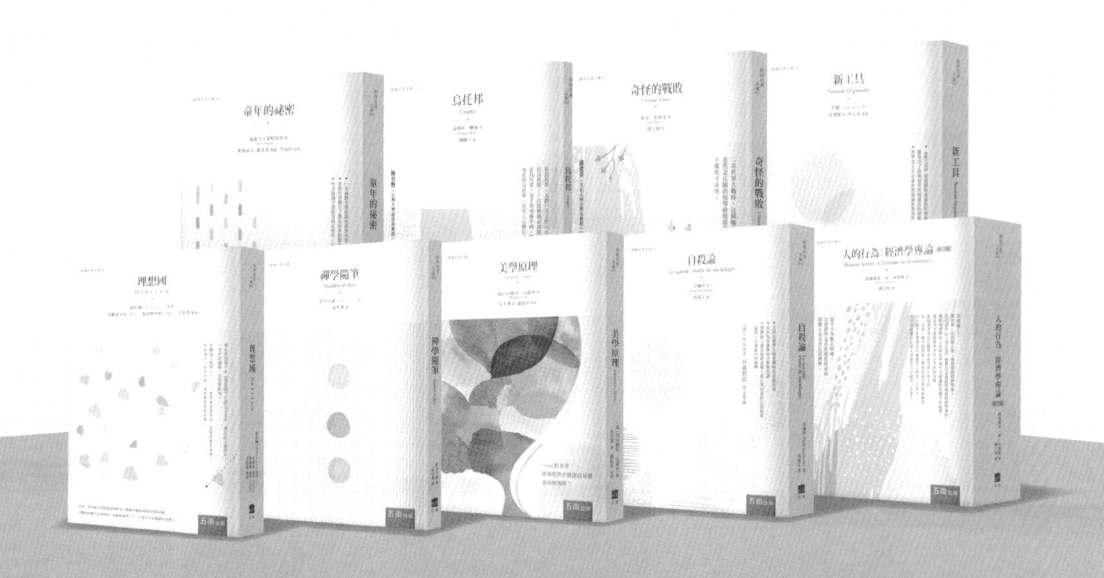

五南，五十年了，半個世紀，人生旅程的一大半，走過來了。
思索著，邁向百年的未來歷程，能為知識界、文化學術界作些什麼？
在速食文化的生態下，有什麼值得讓人雋永品味的？

歷代經典・當今名著，經過時間的洗禮，千錘百鍊，流傳至今，光芒耀人；
不僅使我們能領悟前人的智慧，同時也增深加廣我們思考的深度與視野。
我們決心投入巨資，有計畫的系統梳選，成立「經典名著文庫」，
希望收入古今中外思想性的、充滿睿智與獨見的經典、名著。
這是一項理想性的、永續性的巨大出版工程。
不在意讀者的眾寡，只考慮它的學術價值，力求完整展現先哲思想的軌跡；
為知識界開啟一片智慧之窗，營造一座百花綻放的世界文明公園，
任君遨遊、取菁吸蜜、嘉惠學子！